oekom

ClimatePartner°

Dieses Buch wurde klimaneutral hergestellt.
CO_2-Emissionen vermeiden, reduzieren, kompensieren –
nach diesem Grundsatz handelt der oekom verlag.
Unvermeidbare Emissionen kompensiert der Verlag
durch Investitionen in ein Gold-Standard-Projekt.
Mehr Informationen finden Sie unter: www.oekom.de

Bibliografische Information der Deutschen Nationalbibliothek

Die Deutsche Nationalbibliothek verzeichnet diese Publikation
in der Deutschen Nationalbibliografie; detaillierte bibliografische
Daten sind im Internet über http://dnb.d-nb.de abrufbar.

---

oekom verlag, Gesellschaft für ökologische Kommunikation mbH
Waltherstraße 29, 80337 München

Layout und Satz: Sarah Schneider, Ines Swoboda, oekom verlag
Umschlaggestaltung: Sarah Schneider, oekom verlag
Umschlagabbildung: © RNE

Druck: Kessler Druck + Medien
Dieses Buch wurde auf FSC-zertifiziertem Papier gedruckt.
FSC (Forest Stewardship Council) ist eine nichtstaatliche,
gemeinnützige Organisation, die sich für eine ökologische und
sozialverantwortliche Nutzung der Wälder unserer Erde einsetzt.

ISBN 978-3-86581-277-3

FSC www.fsc.org MIX Papier aus verantwortungsvollen Quellen FSC® C004192

Carlo Jaeger

Wachstum – wohin?

Eine kurze Geschichte des 21. Jahrhunderts

Carl-von-Carlowitz-Reihe Band 2
herausgegeben vom Rat für Nachhaltige Entwicklung

Zweite Carl-von-Carlowitz-Vorlesung
des Rates für Nachhaltige Entwicklung anlässlich seiner
10. Jahreskonferenz in Berlin am 27. September 2010

Vortragstitel der Rede Carlo Jaegers:
Wirtschaft. Wissenschaft. Nachhaltigkeit.

Inhaltsverzeichnis

Vorwort

Das Alte und das Neue

Zur Einführung in die Carl-von-Carlowitz Vorlesung 2010

Was Du nicht willst, dass man Dir tu, das füg' auch keinem andern zu. Das ist kein Stück aus alten Moralbändchen, sondern eine lebendige Maxime, die wir immer wieder neu interpretieren und auf die Fragen der Zeit anwenden müssen. Denn trotz aller guten Vorsätze und Ziele ist die Welt nicht auf einem Weg in eine nachhaltige Zukunft. Niemand würde den letzten Orang-Utan eigenhändig erschlagen. Niemand würde den letzten Baum des Urwaldes fällen. Aber dennoch verspricht die Idee eines undifferenzierten Wachstums auf einem Planeten mit bald neun Milliarden Menschen den Verlust an Biodiversität, schädlichen Klimawandel und eine Lebensmittel-, Wasser- und Bodenkrise. Die prognostizierten neun Milliarden Menschen werden wohl kaum eine Chance haben, mit einer Ressourcennutzung auf dem Niveau der heutigen Industrieländer gemeinsam in Frieden zu leben. Dennoch sollen und müssen sie – wie auch wir in Deutschland – eine Chance auf eine nachhaltige Entwicklung haben. Das ist ein Dilemma. Immer sichtbarer wird die Sackgasse, die sich aus gegenläufigen Trends ergibt: aus endlichen Ressourcen und unendlichem Produzieren, aus begrenzter Tragfähigkeit der Erde und unbegrenzter Emission von Treibhausgasen, aus dem Wachstum der Menge der Agrarproduktion und der aufkommenden Agrarnutzung zur Herstellung von Energie.

Nachhaltigkeit und Wachstum stehen in einem immer spannungsreicheren Verhältnis. Weder die Illusion endlos ungezielten Wachstums, noch ein generelles Schrumpfen helfen weiter. Vielmehr geht es um die differenzierenden Frage: Was soll wachsen und was schrumpfen? Was soll bleiben dürfen, was verschwinden? Was wollen wir uns leisten, was nicht? Nicht nur auf das rein numerische Zählen, sondern auf das Werten, Bewerten und Anstreben von Entwicklung kommt es an.

Die Wissenschaft ist gefragt. Carl von Carlowitz begründet im Königreich Sachsen des 18. Jahrhunderts das Nachhaltigkeitsprinzip in der Forstwissenschaft. Der Rat für Nachhaltige Entwicklung erinnert mit dieser Reihe wissenschaftlicher Vorträge an die heute immer noch sehr dringliche Frage, wie das Wissen der Menschen in eine nachhaltige Entwicklung führen kann und welche Art Wissen wir dazu brauchen.

Die ökonomischen Wissenschaften haben viel zu Nachhaltigkeitsfragen beizutragen. Eigentlich. Allzu lange beharrte die Volks- und Betriebswirtschaft auf dem formellen Anspruch des gleichberechtigten Austarierens von Ökologie, der Ökonomie und dem Sozialen, aber ohne eigene innovative Beiträge. Für die Analyse von Wachstum werden weiterhin die bekannten Parameter in althergebrachten Modellen verwendet – das Dilemma des Wachstumsanspruchs sich entwickelnder Volkswirtschaften bei stetig knapper werdenden Ressourcen wird dabei nicht aufgelöst. Die Einladung des Nachhaltigkeitsrates an Prof. Dr. Carlo C. Jaeger zur Carl-von-Carlowitz-Vorlesung 2010 sollte hier ein Zeichen setzen. Die Idee das Wachstum an die Fragen des Wofür, Wozu, Warum, Für-wen zu knüpfen, ist in hohem Maße geeignet, darüber nachzudenken, wie man die anscheinend riesigen Kosten-Gebirge des Klimaschutzes, des Ausstieges aus der kerntechnischen Energieerzeugung oder eines umfassenden Recyclings in Wachstum verwandelt. Der wissensbasierten Entscheidungsfindung kommt hier große Bedeutung zu.

Carlo Jaeger legt hierzu die Basis. Er entwirft eine mögliche Geschichte des 21. Jahrhunderts vor dem Hintergrund historischer Wachstumspfade und Nachhaltigkeit als Zukunftsbedingung. »In Wirklichkeit kennt die Wirtschaft viele mögliche Gleichgewichtszustände« – das ist eine ermutigende Erkenntnis. Danach ist es möglich, Treibhausgase zu senken und gleichzeitig Wachstum und Beschäftigung zu steigern, so Carlo Jaeger. Zentrale Bestandteile seiner Ausführungen sind das kreativitätsfördernde Potenzial von Investitionen, und die Bedeutung eines grünen Wachstumsschubes für eine gerechte Entwicklung. Die Zukunft des Wachstums ist nicht fern. Sie kann beginnen. Und wo sich Volkswirtschaften umstellen, wo sich Unternehmen umstellen und neue Geschäftsmodelle entwickeln, dort beginnt sie schon.

Nachhaltige Wirtschaft folgt der Grundidee, dass bleiben soll, was gut ist. Der Rest soll sich ändern. Den Rest müssen wir verändern. Diesen Prozess sehen die einen nur im Licht erdrückender Kosten. Wir nennen ihn qualitatives Wachstum.

Berlin 2011,
Dr. Günther Bachmann
Generalsekretär des Rates für Nachhaltige Entwicklung

Kapitel 1

Die Ausgangslage: Wellen der Globalisierung

»Prognosen sind schwierig, besonders wenn sie die Zukunft betreffen« – für Gespräche über Nachhaltigkeit ist das ein gutes Motto. Dabei hat die Zukunft, um die es hier geht, eine wichtige Besonderheit: Sie hängt von uns ab[1]. Ich will hier keine Prognose zukünftigen Wirtschaftswachstums anbieten, sondern skizzieren, wie wir die Zukunft wirtschaftlichen Wachstums im Geist einer nachhaltigen Entwicklung gestalten können. Ob wir das tun werden, ist eine offene Frage. Die Geschichte bietet genug Beispiele dafür, dass Menschen verhängnisvolle Wege eingeschlagen haben, obschon sie bessere Alternativen hätten ergreifen können[2].

Das wichtigste Argument dafür, ein weiteres Wachstum der Weltwirtschaft anzustreben, liegt auf der Hand: Es bietet die Chance, die Armut von Milliarden Menschen zu überwinden. Doch ebenso deutlich ist mittlerweile der Grund dafür, ein weiteres Wachstum der Weltwirtschaft mit Sorge zu betrachten: Weil es die Gefahr birgt, dass Mensch und Natur große, zum Teil unumkehrbare Schäden erleiden. Dazu gesellen sich weitere Fragen: Wird in naher Zukunft das Wachstum durch begrenzte Ressourcen eingeschränkt? Macht eine Steigerung des Pro-Kopf-Einkommens über das Niveau, das gegenwärtig auf den Seychellen oder in Portugal erreicht wird, die Menschen wirklich glücklicher? Sind wir der Maschinerie des globalen Wachstums auf Gedeih und Verderb ausgeliefert, weil das Gefüge globaler Märkte ohne Wachstum zusammenbricht, mit unabsehbaren Folgen für uns alle?

Wie also kann, wie soll die Zukunft des Wachstums aussehen? Ich untersuche diese Frage in vier Schritten. Zuerst erörtere ich Fakten, die für die Zukunft des Wachstums wesentlich sind. Dabei stehen wirtschaftliche Themen im Vordergrund. Sodann skizziere ich mögliche Etappen einer nachhaltigen Entwicklung, die ich durch die Jahreszahlen 2020, 2050 und 2100 kennzeichne. In einen Satz gepackt entwickle ich die These, dass wir einen Schub nachhaltiger Investitionen brauchen, der in den kommenden Jahrzehnten eine Phase des »Green Growth« auslöst, um danach in einer Welt ohne globale Armut zu entdecken, was nachhaltige Entwicklung jenseits wirtschaftlichen Wachstums bedeuten kann.

Wachstumspfade

Im 21. Jahrhundert wird ein großer Teil der Menschheit steigenden Wohlstand erfahren, und zwar in einem Ausmaß, das es noch nie gegeben hat. Zugleich wird die Menschheit als Ganzes mit globalen Problemen konfrontiert sein, die in der bisherigen Weltgeschichte nicht ihresgleichen haben: Sie reichen von instabilen Finanzmärkten zu nuklearen Bedrohungen, von den Gefahren von Pandemien zu denen des Klimawandels[3]. Dadurch werden neue Formen globaler Kooperation erforderlich sein – und das in einer Zeit, in der die Hegemonie Amerikas zunehmend durch den Aufstieg Chinas herausgefordert wird[4]. Gegenwärtig beträgt das chinesische Pro-Kopf-Einkommen rund 7.000 US-Dollar, das amerikanische knapp 50.000 Dollar[5]. Doch das chinesische wächst seit nunmehr drei Jahrzehnten mit rund acht Prozent pro Jahr, das amerikanische nur mit knapp zwei Prozent.

Das globale Pro-Kopf-Einkommen wuchs von 1960 bis 2000 im Durchschnitt mit rund 2,5 Prozent, wobei das Wachstum sich im Lauf der Zeit etwas beschleunigte[6]. Von 2000 bis 2010 stieg die Wachstumsrate des Pro-Kopf-Einkommens dann auf rund drei Prozent – trotz Finanzkrise. Die Wachstumsrate des globalen Bruttoinlandsprodukts (BIP) betrug im selben Jahrzehnt rund vier Prozent; die Differenz entspricht dem globalen Bevölkerungswachstum[7].

Dass das globale Wachstum höher ist als das der USA kommt daher, dass manche Länder, insbesondere China, ein erheblich höheres Wachstum aufweisen als die Vereinigten Staaten. Dabei sollte ein beliebter Irrtum tunlichst vermieden werden: Die Vorstellung nämlich, der Unterschied erkläre sich daraus, dass reiche Länder grundsätzlich langsamer wachsen als arme – etwa weil der Aufbau grundlegender Infrastrukturen vorbei ist oder weil es nicht mehr so viel unbefriedigte materielle Bedürfnisse gibt. Wie Abbildung 1.1 zeigt, nimmt das Pro-Kopf-Einkommen in den USA seit zwei Jahrhunderten mit einer durchschnittlichen Wachstumsrate von knapp zwei Prozent zu. Natürlich gab es große, kurzfristige Schwankungen, etwa bei der Weltwirtschaftskrise von 1929. Doch weder jene Krise noch die beiden Weltkriege haben an dem erstaunlich stabilen, langfristigen Trend etwas geändert. Und in der Zeit, in der das amerikanische Pro-Kopf-Einkommen noch viel niedriger war als das heutige in China, wuchs es mit derselben Rate wie heute.

Warum die amerikanische Wirtschaft sich seit zwei Jahrhunderten so entwickelt, dass das Pro-Kopf-Einkommen um knapp zwei Prozent pro Jahr steigt, ist keineswegs leicht zu erklären. Ein möglicher Grund könnte

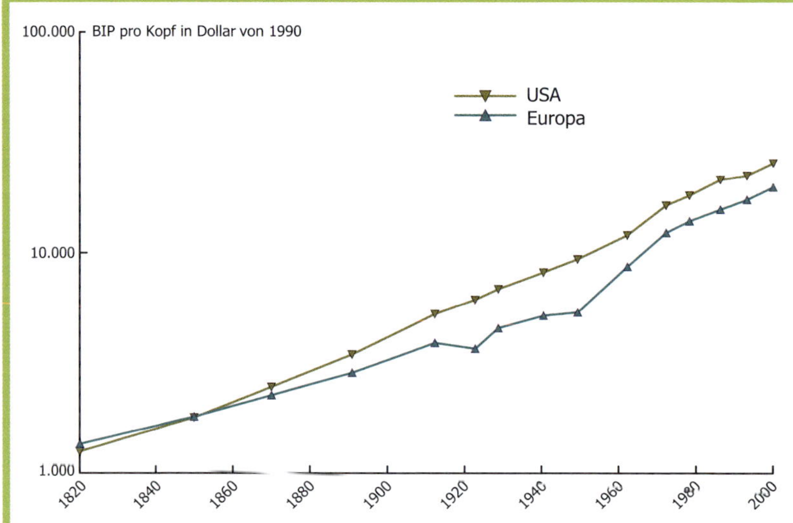

Abbildung 1.1
Langfristiges Wachstum in den USA und Europa 1820 bis 2000
Angegeben ist der Verlauf des Bruttoinlandsprodukts (BIP) pro Kopf in Dollar (Bezug: 1990).

darin liegen, dass Amerikas Fortschrittsglaube erschüttert und herausgefordert wird, wenn dieses Wachstum länger als ein paar Jahre unterschritten wird, und dass dann Politiker, Unternehmer und andere Akteure nichts unversucht lassen, um die Dinge wieder ins Lot zu bringen. Umgekehrt finden die Amerikaner die wirtschaftliche Entwicklung akzeptabel, wenn der entsprechende Wachstumspfad erreicht ist, und sehen keinen Grund, ihn durch weitere Anstrengungen noch zu übertreffen.

In manchen Ländern, die ärmer sind als Amerika, wächst jedoch das Pro-Kopf-Einkommen offensichtlich schneller als in den USA[8]. Es ist wohl so, dass ärmere Länder das Know-how, das die fortgeschrittenste Wirtschaft der Welt – eben die der US-Amerikaner – zu einem großen Teil selbst entwickeln musste, nun mit entsprechend geringerem Aufwand nutzen können. Das allein kann jedoch die atemberaubende Dynamik der chinesischen Wirtschaft nicht erklären. Zweifellos profitiert China davon, dass es eine Vielzahl technischer Erfindungen und wissenschaftlicher Kenntnisse, die in den USA entwickelt wurden, übernehmen kann. Doch das hätten auch Argentinien, Nigeria, Myanmar und viele andere tun können. Und weder die Sowjetunion noch Japan oder Südkorea, die alle eine Zeit lang eine beachtliche Aufholjagd gegenüber den USA absolvierten, erreichten das Tempo und die Ausdauer, mit denen China begonnen hat, die Welt zu verändern.

Abbildung 1.1 zeigt durch den Vergleich der amerikanischen mit der europäischen Entwicklung, dass auch Volkswirtschaften mit ähnlichem Entwicklungsstand wie die amerikanische keineswegs automatisch denselben Wachstumspfad verfolgen. Auch in Europa wuchs das Pro-Kopf-Einkommen vor 200 Jahren mit derselben Wachstumsrate wie in der jüngeren Vergangenheit, und zwar ebenfalls mit rund zwei Prozent. Doch von 1850 bis 1950 fiel Europa zurück. Heute ist das Pro-Kopf-Einkommen in Europa deutlich niedriger als in Amerika, ohne dass die entsprechende Wachstumsrate in Europa höher wäre. Andererseits lag 1870 das amerikanische Pro-Kopf-Einkommen rund 20 Prozent unter dem britischen, heute liegt es deutlich mehr als 20 Prozent darüber[9]. Warum sollten in Zukunft nicht andere Länder die USA in ähnlicher Weise überflügeln?

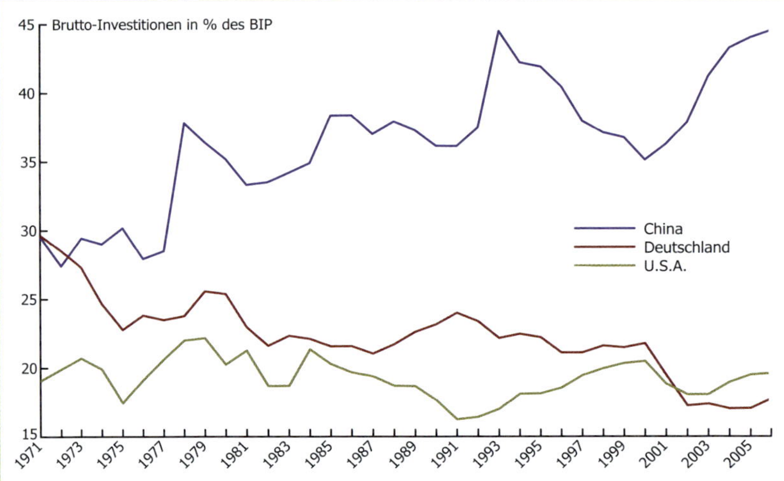

Abbildung 1.2
Bruttoinvestitionsquoten 1971 bis 2006 in Deutschland, China und den USA
Angegeben in Prozent des Bruttoinlandsprodukts (BIP).

Abbildung 1.2 gibt einen entscheidenden Hinweis darauf, weshalb das Pro-Kopf-Einkommen in China so viel schneller wächst als in den USA. Sie zeigt zunächst, dass der Anteil der Bruttoinvestitionen am BIP, die Bruttoinvestitionsquote, in den USA seit Jahrzehnten um einen Wert von etwas weniger als 20 Prozent schwankt[10]. In China hingegen lag die Bruttoinvestitionsquote um 1970 bei 30 Prozent, seitdem ist sie auf über 40 Prozent gestiegen. In Deutschland schließlich lag die Bruttoinvestitionsquote um 1970 auf demselben Niveau wie in China, seither ist sie auf das amerikanische Niveau gesunken.

Aus mehreren Gründen sind Investitionen eine entscheidende Größe für das Wachstum einer Wirtschaft. Bestehende Produktionskapazitäten können ohne Investitionen nicht erhalten, geschweige denn ausgeweitet werden. Das ist so offensichtlich, dass es fälschlicherweise oft für die einzig bedeutsame Rolle von Investitionen gehalten wird. Doch zu jeder Investition gehören Menschen, die mit den entsprechenden

Investitionsgütern Erfahrungen sammeln. Bach veränderte die Musik der Welt, indem er die Möglichkeiten neuartig gestimmter Tasteninstrumente erkundete; doch auch die Bäckerei, die einen alten Backofen ersetzt, nutzt gerne die Gelegenheit, die eine oder andere Neuerung im Laden einzuführen. Investitionen fördern »Learning by Doing«[11]. In den USA entwickelt sich Learning by Doing seit Jahrzehnten in einem ähnlichen Rhythmus, in China hat es sich in den letzten Jahrzehnten rasant beschleunigt, in Deutschland wurde sein Tempo – nicht in jeder Branche, aber im Großen und Ganzen – drastisch verlangsamt.

Investitionen sind darüber hinaus wichtig, weil sie Nachfrage nach Arbeitskräften und weiteren Gütern erzeugen. Und sie spielen eine einzigartige Rolle in der heutigen Wirtschaft, weil sie in hohem Maße von Erwartungen abhängen: Wer in eine Hotelanlage investiert, tut dies nicht, weil konkrete Buchungen für eine ferne Zukunft vorliegen, sondern aufgrund positiver Erwartungen über den Verlauf der zukünftigen Entwicklung. Aus diesem Grund hängt die Zukunft der Weltwirtschaft ein Stück weit von den Erwartungen potenzieller Investoren ab. Wenn genug Investoren damit rechnen, dass das Pro-Kopf-Einkommen in Amerika und Europa weiterhin mit etwa zwei Prozent, in China und anderen Schwellenländern jedoch weiterhin in deutlich höherem Tempo wachsen wird, so kann das unter Umständen genau deshalb eintreten.

Arm und Reich

China ist ein großes, bevölkerungsreiches Land. Deshalb hat sein Aufstieg einen enormen Effekt auf die weltweite Einkommensverteilung. Von Beginn der Industrialisierung bis etwa 1980 hat sich die globale Einkommensverteilung eindeutig auseinander entwickelt: Jede halbwegs vernünftige Definition von Armut und Reichtum im globalen Rahmen ergibt, dass der Anteil der Armen an der Weltbevölkerung gestiegen ist und dass die Abstände zwischen arm und reich, aber auch zwischen niedrigstem und mittlerem Einkommen, zugenommen haben. Seit 1980 jedoch nimmt die Anzahl der Armen, die ihren Lebensstandard deutlich steigern konnten, im Weltmaßstab zu. Dieses Phänomen ist in erster Linie in China, aber auch in Indien, Indonesien und anderen Ländern zu beobachten.

Abbildung 1.3 verdeutlicht, dass der Anteil der Armen an der Weltbevölkerung seit 1980 zurückgeht, während sich eine globale Mittelschicht beachtlichen Ausmaßes herausgebildet hat. Was jedoch auf der Grafik nicht erkennbar ist, sind drei zutiefst beunruhigende Entwicklungen. Erstens ist die Lage in Afrika eine völlig andere: In manchen Ländern ging das Pro-Kopf-Einkommen von 1980 bis 2000 zurück,

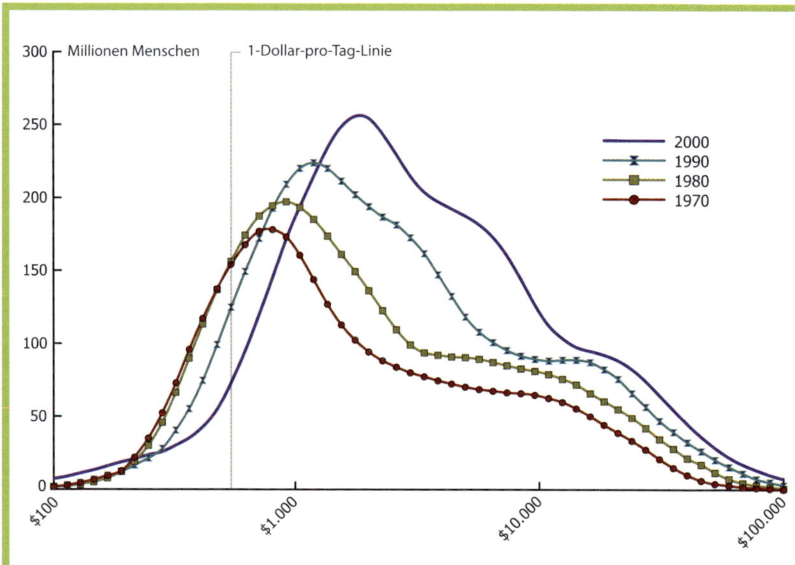

Abbildung 1.3
Die Entwicklung der Einkommensverteilung der Weltbevölkerung von 1970 bis 2000
Angegeben sind Konsumbudgets pro Kopf und Jahr in Dollar (Bezug: 1996). Die 1-Dollar-pro-Tag-Linie entspricht einer klassischen Armutsdefinition der Weltbank.

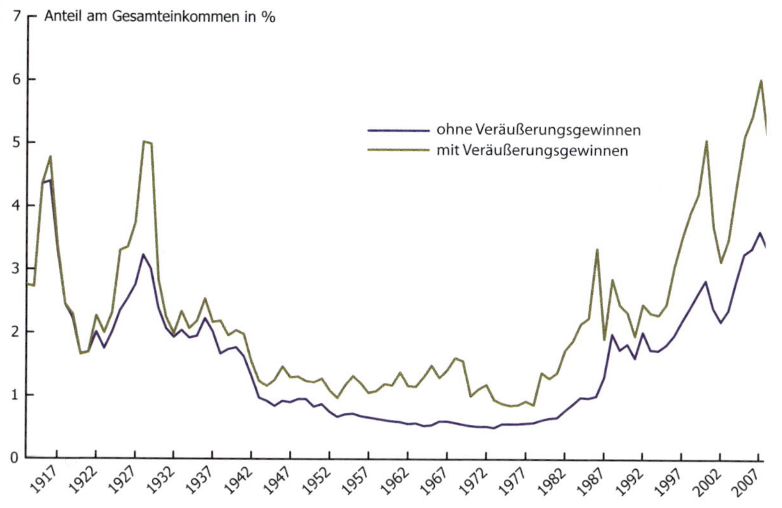

Abbildung 1.4
Entwicklung des Anteils der Top-Verdiener (reichste 0,1 Prozent) in den USA am Gesamteinkommen von 1913 bis 2008

während die wenigen Reichen im jeweiligen Land noch reicher wurden. Zwar haben Teile Afrikas im vergangenen Jahrzehnt, also nach 2000, einen beachtlichen wirtschaftlichen Aufschwung erlebt, doch auch in diesen Ländern bleibt die Einkommensverteilung äußerst unausgewogen.

Zweitens ist der rechte Rand der Einkommensverteilung, der Bereich der Superreichen, in einem Ausmaß gestreckt worden, das nicht nur den Rahmen der Grafik, sondern auch die Vorstellungskraft der meisten Menschen sprengt. Abbildung 1.4 illustriert das für den Fall der USA. Ähnlich sieht die Situation in vielen Ländern aus, sowohl in Europa als auch in Schwellenländern wie China, die in den letzten Jahren ein rasantes Wachstum an den Tag gelegt haben.

Drittens hat sich die Einkommensverteilung innerhalb aller größeren Volkswirtschaften auf dem Planeten deutlich auseinander entwickelt.

In China und anderen Schwellenländern heißt das, dass das Einkommensgefälle zwischen Stadt und Land drastisch zugenommen hat, in Amerika, dass ein großer Teil der Bevölkerung seit Jahrzehnten keinerlei Einkommensverbesserung erfährt, sondern nur wahrnimmt, dass es anderen besser geht. Auch in Europa hat das wirtschaftliche Wachstum nicht verhindert, dass ein erheblicher Teil der Bevölkerung sich mehr und mehr von den Erfolgsmöglichkeiten, die dieses Wachstum anderen bietet, ausgeschlossen sieht[12]. In Deutschland betrifft das in den alten Bundesländern über zehn Prozent der Bevölkerung, in den neuen rund 20 Prozent[13].

Es hat keinen Sinn, die Tatsache zu ignorieren, dass Armut genauso wie Bildung oder hierarchischer Status eine soziale Kategorie ist, die vom Kontext abhängt: Für Untersuchungen im globalen Maßstab kann es sinnvoll sein, eine Armutsschwelle bei einem Tageseinkommen von einem oder auch zwei Dollar zu definieren

Das ändert nichts an der Tatsache, dass in Ländern wie Deutschland oder Amerika Millionen Menschen mit einem zehnfach höheren Tageseinkommen arm sind – einfach weil sie von zahlreichen entscheidenden Dimensionen des sozialen Lebens ausgeschlossen sind. Das Wirtschaftswachstum der vergangenen Jahrzehnte hat gleichzeitig die Lebensbedingungen der überwältigenden Mehrheit der Menschheit verbessert, während sich die soziale Ungleichheit innerhalb zahlreicher hoch entwickelter Nationen verschärft hat.

Krisen der Globalisierung

Historiker, die den langfristigen Verlauf der Globalisierung untersuchen, haben darauf hingewiesen, dass diese Situation sehr viel gefährlicher ist, als den meisten Menschen, und insbesondere den Eliten führender Länder, klar sein dürfte[14]. Sie weisen darauf hin, dass die Geschichte der Globalisierung mindestens bis 1870 zurückreicht. Damals wurde die transatlantische Dampfschifffahrt dank einer Reihe von technischen Neuerungen wirtschaftlich praktikabel. Wie Abbildung 1.5 zeigt, nahmen Handels-, Migrations- und Investitionsströme mehr und mehr zu; gleichzeitig entwickelten die Eliten der führenden Länder ein dichtes Netz persönlicher Vertrauensbeziehungen, das im Falle von England und Deutschland enge verwandtschaftliche Beziehungen einschloss. Die Vorteile der Globalisierung schienen diesen Eliten so offensichtlich, dass es ihnen nicht auffiel, dass ein erheblicher Teil der jeweiligen Bevölkerung an diesen Segnungen gar nicht teilhatte, sondern Kapitalismus und Globalisierung als Bedrohung ihrer Lebensform und oft ihrer Existenzgrundlage erfuhren.

Dadurch drohte jedoch der soziale Zusammenhalt der jeweiligen Nationen zu zerreißen. Um dieses Integrationsproblem zu lösen, verfielen die verschiedenen Eliten in einen kriegerischen Nationalismus. Der Deutsche Kaiser forderte am 4. August 1914 mit dem Beginn des

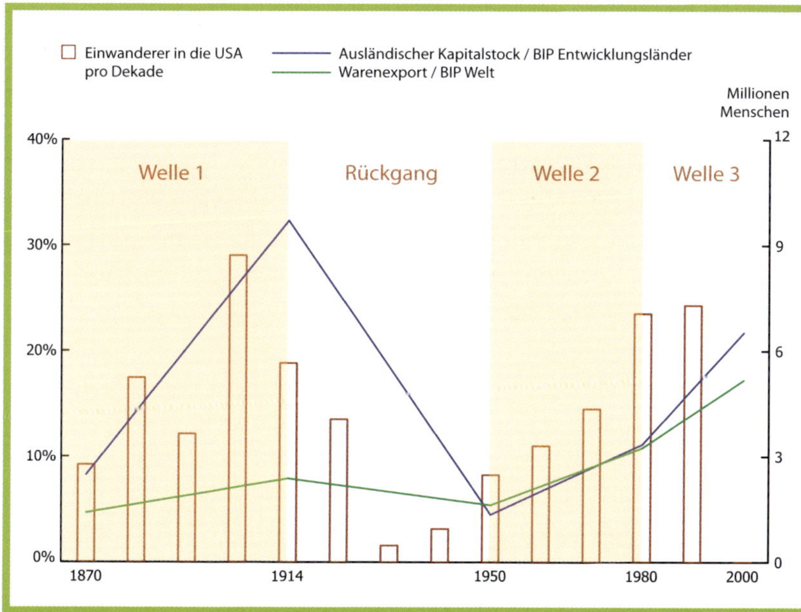

Abbildung 1.5
Wellen der Globalisierung von 1870 bis 2000

ersten Weltkriegs einen Burgfrieden, indem er erklärte: »Ich kenne keine Parteien mehr, ich kenne nur noch Deutsche!« Am selben Tag verkündete der französische Staatspräsident die »Union Sacrée«, den geheiligten Bund, in dem Konflikte innerhalb der Nation keine Rolle mehr spielen sollten.

Als der Krieg nach vier furchtbaren Jahren endlich zu Ende war, zeigte sich, dass die inneren Konflikte heftiger waren denn je. In Deutschland musste der Kaiser zurücktreten, Arbeiteraufstände wurden mit Militärgewalt niedergeschlagen, in den USA brach 1919 eine Streikwelle aus, an der sich Millionen von Arbeitern beteiligten[15], in Russland wurde die grausame Welt des Zarentums durch die mörderische Modernisierungsstrategie des Stalinismus ersetzt. Doch nach wie vor fiel den nationalen Eliten – einschließlich der sowjetischen – nichts Besseres ein als die Betonung nationaler Interessen. Der Friede von Versailles war das Ergebnis einer kurzsichtigen nationalen Interessenpolitik der Siegermächte, danach wurde das Rad der Globalisierung, wie Abbildung 1.5 verdeutlicht, weiter zurückgedreht. In Deutschland, Italien und Japan wurde der übersteigerte Nationalismus, der zum Ersten Weltkrieg geführt hatte, zum Faschismus. Die Folge war der Zweite Weltkrieg.

Erst nach dem Sieg der USA und ihrer Verbündeten gelang ein neuer Ansatz der Globalisierung. Dabei wurde die Tatsache genutzt, dass Roosevelt und Churchill begonnen hatten, die sozialen Spannungen in Amerika und England abzubauen, indem sie es den Arbeitern und ihren Organisationen ermöglichten, ihre Teilhabe am Sozialprodukt, aber auch an der politischen Macht, zu vergrößern[16]. Auf dieser Grundlage wurde die in Abbildung 1.5 dargestellte zweite Welle der Globalisierung möglich.

Wenn nun gegenwärtig im Zuge des globalen Wirtschaftswachstums die interne Ungleichheit in Amerika, China, Deutschland und anderen Nationen zunimmt, ohne dass die jeweiligen Eliten darin ein großes Problem sehen, so wird die Sorge der Globalisierungshistoriker angesichts der gegenwärtigen Situation verständlich – und beunruhigend[17].

Die globale Finanzkrise der Jahre 2007/08 erscheint aus dieser Sicht nicht als die kurze Erschütterung, als die sie von manchen betrachtet wird, sondern als ein Zeichen an der Wand. Einfach unbeirrt das gegenwärtige Muster wirtschaftlichen Wachstums fortzusetzen, bedroht die Umwelt, schürt die Gefahr zukünftiger Kriege und vergrößert das Risiko einer globalen Wirtschaftskrise – es wird Zeit für eine neue Strategie.

Kapitel 2

2020: Green Growth im globalen Wettbewerb

Während die Vergangenheit in vielerlei Hinsicht recht gut dokumentiert ist, verhält sich das mit der Zukunft naturgemäß anders. Der Stil meiner Ausführungen wird sich deshalb nun ändern. Ich werde eine zugleich mögliche und wünschenswerte Zukunft skizzieren, wobei ich die jeweils relevante Vergangenheit kurz andeuten werde. Ausgewählte Quellenangaben und Grafiken werden zur Illustration und Verdeutlichung dienen, aber ich werde nicht behaupten, dass die skizzierte Zukunft die wahrscheinlichste oder die beste sei – es muss genügen, dass sie möglich und wünschenswert ist.

Nachhaltigkeit wird manchmal als eine Balance von wirtschaftlichen, sozialen und ökologischen Anliegen verstanden. Gegenwärtige Generationen sollten danach ihre Bedürfnisse befriedigen können, ohne zukünftigen Generationen die Chance zu nehmen, dasselbe zu tun. In diesem Sinne will ich ein Bild der Welt im Jahre 2020 skizzieren, das ausgehend von der gegenwärtigen Situation möglich und zugleich im Sinne einer nachhaltigen Entwicklung wünschenswert ist. In den folgenden Kapiteln werde ich dieses Bild dann für die Jahre 2050 und 2100 weiterentwickeln.

Die ökologische Dimension

Seit es uns Menschen gibt, sind wir fruchtbar und vermehren uns. Gegenwärtig sind wir rund sieben Milliarden und werden jedes Jahr etwa 70 Millionen mehr. In den nächsten zehn Jahren kann sich dieses Wachstum nur durch furchtbare Ereignisse – einen Atomkrieg, eine Pandemie, den Einschlag eines Asteroiden – ernsthaft verlangsamen, und hier will ich die Möglichkeit einer erfreulichen Zukunft ausloten. Immerhin ist das Wachstum der letzten Jahre nicht exponentiell, sondern nur linear. Die Rate des prozentualen Zuwachses geht daher zurück; für 2020 rechne ich mit rund 7,7 Milliarden Erdbewohnern.

Wie die Evolutionstheorie feststellt, neigen die Spezies aller Lebewesen dazu, sich zu vermehren, bis sie an ökologische Schranken geraten. Dort angekommen, stellt sich selten eine konstante Bevölkerungsgröße ein, vielmehr kommt es zu mehr oder weniger unregelmäßigen Schwankungen, es sei denn, eine Spezies stirbt wieder aus. Wir Menschen beginnen zu ahnen, dass wir in Sichtweite solcher Schranken geraten sind. Es ist durchaus denkbar, dass weit über zehn Milliarden Menschen auf der Erde leben können, aber so langsam wird weiteres Bevölkerungswachstum gefährlich. Da es in den kommenden zehn Jahren nicht wirklich gebremst werden kann, ist die Frage umso wichtiger, ob bis 2020 wenigstens die Voraussetzungen für eine spätere Verlangsamung geschaffen werden. Diese Voraussetzungen sind sozialer und wirtschaftlicher Natur, deshalb werde ich darauf später zurückkommen.

Eine weitere Konstante der bisherigen Menschheitsgeschichte ist die Tatsache, dass wir neugierig sind und unternehmungslustig: Immer wieder haben wir Wege gefunden, unsere Handlungs- und Gestaltungsspielräume auszuweiten. Dabei haben wir auch gelernt, immer größere Energiemengen für unsere Zwecke einzusetzen. Natürlich nutzen wir seit jeher die Sonnenenergie, als Tageslicht und Energiequelle der gesamten Biosphäre. Doch das alles kostete uns zunächst keine Anstrengung, sondern gehörte zum natürlichen Überfluss, der entgegen dem Knappheitsglauben vieler Ökonomen eine Grundvoraussetzung menschlichen Lebens ist. Doch mit der Zeit lernten wir, nicht nur Energie durch Nahrung aufzunehmen, sondern auch Feuer bewusst einzusetzen, dann Pflanzen und Tiere zu züchten, Segel in den Wind zu setzen, Mühlräder durch Bäche antreiben zu lassen und Ähnliches mehr. Eine völlig neue Dimension der Energienutzung wurde vor weniger als drei Jahrhunderten erreicht, als Kohle zur wichtigsten Energiequelle der Weltwirtschaft wurde.

Inzwischen erzeugen wir aus Gas und Kohle fast gleich viel kommerzielle Energie, aus Öl noch um einiges mehr. Insgesamt beruht fast die gesamte kommerzielle Energieproduktion auf fossilen Brennstoffen. Wasserkraft und Kernenergie machen zusammen rund zehn Prozent aus, andere erneuerbare Energien (vor allem Brennholz sowie Wind und Solarenergie) rund ein Prozent[18]. Insgesamt haben wir derzeit einen Verbrauch kommerzieller Energie von gut zwei Kilowatt pro Kopf, also in der Summe rund 15 Milliarden Kilowatt[19]. Zwei Kilowatt pro Kopf – das ist so viel, wie wenn für jeden Menschen 20 Hundert-Watt-Birnen ununterbrochen leuchten würden[20].

Der Verbrauch wächst gegenwärtig mit rund 20 Watt pro Kopf, und zwar nicht exponentiell, sondern linear, sodass der prozentuale Zuwachs langsam abnimmt. Der Gesamtverbrauch allerdings wächst schneller als der Pro-Kopf-Verbrauch, weil dazu der wachsende Pro-Kopf-Verbrauch mit der wachsenden Bevölkerung multipliziert werden muss. Mit dem Wachstum des globalen Energieverbrauchs ist es ähnlich wie mit dem Wachstum der Weltbevölkerung: In den nächsten zehn Jahren wäre es nur durch katastrophale Ereignisse deutlich zu bremsen. Also rechne ich für 2020 mit einem Verbrauch von gut 2,2 Kilowatt pro Kopf, bzw. rund 17 Milliarden Kilowatt (= 2,2 × 7,7) für die gesamte Menschheit. Die Vorräte an Kohle, Öl und Gas werden dafür ohne Weiteres ausreichen. Ähnlich wie beim Bevölkerungswachstum wird es von großer Bedeutung sein, bis 2020 die Voraussetzungen dafür zu schaffen, dass auch der Anstieg des Energieverbrauchs in den folgenden Jahrzehnten gebremst werden kann.

Ein wichtiger Grund dafür ist die Veränderung des Klimas durch die Treibhausgasemissionen, die der Verbrauch fossiler Energieträger erzeugt. Das wichtigste Treibhausgas ist CO_2; davon erzeugen wir gegenwärtig rund 30 Milliarden Tonnen pro Jahr, etwa vier pro Kopf und Jahr[21]. Da wir gegenwärtig pro Kopf etwa zwei Kilowatt Energie umsetzen, erzeugen wir für jedes Kilowatt Energieverbrauch rund zwei Tonnen CO_2 pro Kopf und Jahr. Wenn sich daran nichts ändern sollte, wären wir 2020 bei 4,4 Tonnen pro Kopf und rund 34 Milliarden Tonnen (= 4,4 × 7,7) insgesamt.

Wie lassen sich die globalen Treibhausgasemissionen bis 2020 verringern? Einen massiven Ausbau von Wasserkraftwerken halte ich für ökologisch problematisch und wirtschaftlich kaum machbar. Ähnlich beurteile ich die Kernenergie, besonders solange der internationale Terrorismus und die Kriegsgefahr unsere täglichen Begleiter sind.

Was die erneuerbaren Energien ohne Wasserkraft angeht, so haben sie an der globalen Energieproduktion von 15 Milliarden Kilowatt gegenwärtig einen Anteil von rund einem Prozent, also rund 150 Millionen Kilowatt. Ein hohes Wachstum von 15 Prozent pro Jahr würde bis 2020 zur Produktion von etwa 400 Millionen Kilowatt führen, das wären etwas über zwei Prozent der Gesamtproduktion. Damit ließe sich der Zuwachs der Treibhausgasemissionen um knapp eine Tonne CO_2 pro Kopf reduzieren, sodass 2020 nur noch rund 33 Milliarden Tonnen CO_2 emittiert würden. Eine Wachstumsrate von 15 Prozent pro Jahr bis 2020 ist nicht unmöglich, aber sie erfordert zweifellos einen enormen Investitionsschub.

Sodann lassen sich die Emissionen aus vielen fossilen Kraftwerken kurzfristig reduzieren, indem erstens Kohlekraftwerke auf den neuesten Stand gebracht werden und zweitens Kohle durch Gas (das weniger Emissionen erzeugt) ersetzt wird. Auch das verlangt aber einen gewaltigen Investitionsschub. Kombiniert mit dem Ausbau der erneuerbaren Energien sollte es dadurch möglich sein, die Emissionen von 2010 bis 2020 nur noch wenig, aber immer noch um etwa eine Milliarde Tonnen, ansteigen zu lassen. Das ist keine Prognose, das ist ein Mosaikstein zum Bild einer erstrebenswerten – und das heißt auch möglichen – Zukunft.

Beinahe konstante Emissionen bis 2020 bedeuten aber weiterhin einen drastischen Anstieg der Treibhausgaskonzentration in der Atmosphäre. Denn die Ozeane können pro Jahr nur etwa ein Viertel der Treibhausgase aufnehmen, die wir gegenwärtig emittieren. Der Rest bleibt größtenteils in der Atmosphäre und erwärmt den Planeten weiter. Bis 2020 wird das allerdings noch nicht zu großen Veränderungen gegenüber der heutigen Situation führen. Die Durchschnittstemperaturen dürften – ohne Messinstrumente kaum wahrnehmbar – um ein paar Zehntel Grad Celsius zunehmen, der Meeresspiegel um einige Zentimeter ansteigen. In einzelnen Regionen kann die Wahrscheinlichkeit von Extremereignissen zunehmen, wobei der Einfluss der globalen Erwärmung auf das Auftreten von Hurricanes, Überschwemmungen und ähnlichen Ereignissen oft überschätzt wird.

Die Wahrscheinlichkeit von Hitzewellen allerdings dürfte in manchen Regionen durchaus zunehmen. 2003 fielen in Europa einer solchen Hitzewelle über 50.000 Menschen zum Opfer, viele von ihnen starben einen unwürdigen Tod, vernachlässigt in Pflegeheimen und einsamen Wohnungen. Das lässt sich mit geringem Aufwand vermeiden. Stattdessen können solche Ereignisse in den kommenden Jahren zu Erfahrungen sozialer Solidarität werden, in denen auch das Bewusstsein für die Notwendigkeit einer weltweiten nachhaltigen Entwicklung wächst.

Das Klimaproblem wird seit einigen Jahren in vielen Debatten isoliert von anderen Umweltproblemen behandelt. Das ist wenig sinnvoll, da das Klimaproblem eines aus einer ganzen Reihe ebenso ernster Umweltprobleme ist. Dazu gehört beispielsweise der Umgang mit Wasser. Gegenwärtig sterben jedes Jahr Millionen Menschen, weil sie keinen Zugang zu sauberem Wasser haben. Rund eine Milliarde Menschen erkrankt jedes Jahr aus demselben Grund. Ohne energische Maßnahmen werden diese Zahlen in den kommenden Jahren zu-, nicht abnehmen – zum Teil aufgrund des Bevölkerungswachstums, noch mehr allerdings aufgrund der Wanderungsbewegungen vom Land in städtische Slums. Weitere Probleme unseres Umgangs mit Wasser betreffen die Verschmutzung von Süß- und Salzwasser rund um den Planeten sowie die Tatsache, dass in vielen Ländern das verfügbare Wasser nicht ausreicht, um eine wachsende Bevölkerung, die aufgrund steigenden Wohlstands auch mehr Fleisch isst, zu ernähren.

Bis 2020 können in all diesen Bereichen große Fortschritte gemacht werden. Technologische Neuerungen können dabei hilfreich sein, entscheidend sind allerdings die wirtschaftlichen und sozialen Aspekte. Deshalb werde ich auf mögliche Fortschritte im Wasserbereich später zurückkommen.

Vorher ist es jedoch wichtig klarzustellen, dass viele sogenannte Umweltprobleme keineswegs ausschließlich, und vielleicht nicht einmal in erster Linie, in den heute üblichen wissenschaftlichen Begriffen erfasst werden können. Denn was viele Menschen – und gerade auch Wissenschaftler – in erster Linie als Umweltzerstörung erleben, ist ein Verlust an Schönheit. Es ist hier nicht nötig, der Frage nachzugehen, ob Schönheit mehr sei als eine ebenso willkürliche wie subjektive Einschätzung. Wenn jemand gerne Leonardos Mona Lisa betrachtet, ist es für ihn ein Verlust, wenn dieses Gemälde zerstört wird. Und wenn jemand gerne Gletscher betrachtet, ist es für ihn ein Verlust, wenn davon nur noch Geröllhalden übrig sind. Und wenn Menschen keinen Sinn für die Schönheit von Bildern und Landschaften haben, sind sie ausgeschlossen von einem Kernbereich menschlicher Existenz.

Was als Verlust von Biodiversität beschrieben wird, ist oft ein Verlust an Schönheit – deshalb finden es die meisten Menschen wichtiger, den sibirischen Tiger vor dem Aussterben zu bewahren als tausend verschiedene Assel-Arten. Die Rodung der tropischen Regenwälder, die Bedrohung der Korallenriffe durch Düngemittel aus der Landwirtschaft sowie durch die Verschmutzung und Übersäuerung des Meerwassers, aber auch die zunehmende Versiegelung von Böden – all das sind untrügliche Beispiele dafür, dass wir Menschen unsere Lebenswelt hässlicher statt schöner und lebenswerter machen.

Diese Art von Umweltzerstörung kann in den kommenden Jahren zweifellos deutlich verlangsamt werden. Um sie im globalen Maßstab umzukehren, wird es länger brauchen. Entscheidend ist die Frage, ob sich in der Weltgesellschaft eine Kultur entwickeln wird, in der menschliche Werke zur Verschönerung unserer Umwelt entworfen und realisiert werden. Dass das möglich ist, zeigen die Tempelgärten von Kyoto ebenso wie die Parks in Potsdam, die Brücken von Florenz ebenso wie die Keramiken der Hopi. Bis jetzt werden umweltfreundliche Technologien vor allem durch ihre Ressourceneffizienz definiert. In den kommenden Jahren können sie mehr und mehr auch zu Wegmarken einer Entwicklung werden, die auf nachhaltige Art unsere Umwelt verschönert.

Die soziale Dimension

Das Thema der Schönheit markiert eine der vielen Verbindungen zwischen der ökologischen und der gesellschaftlichen Betrachtung von Nachhaltigkeit. Im Hinblick auf Letztere will ich zwei Themen kurz erörtern:

Gewalt und soziale Ausschließung. Dabei soll die Kürze der folgenden Bemerkungen nicht über die Bedeutung der Thematik hinwegtäuschen.

In Diskussionen über nachhaltige Entwicklung wird die Rolle von Gewalt oft ausgeblendet. Das ist ein Fehler. In einer langen historischen Entwicklung hat sich das staatliche Gewaltmonopol als Möglichkeit, Gewalt zwischen Menschen einzuschränken, herausgebildet. Doch in vielen Teilen der Welt – einschließlich der Slums großer Städte in Industrieländern – ist diese Entwicklung noch keineswegs abgeschlossen. Zugleich hat das Gewaltmonopol selbst dazu beigetragen, dass eine besondere Form organisierter Gewalt, nämlich der Krieg, im Lauf der Geschichte immer zerstörerischer geworden ist[22].

In einer Perspektive nachhaltiger Entwicklung ist die Frage, ob in den kommenden Jahren kriegerische Auseinandersetzungen und der enorme Aufwand für militärische Rüstung zurückgehen werden, von zentraler Bedeutung. Die Rüstungsausgaben machen gegenwärtig knapp drei Prozent des globalen Sozialprodukts aus. Beinahe die Hälfte davon wird durch die USA erbracht. Die größten Waffenexporteure sind die USA, Russland und Deutschland. Die deutschen Waffenexporte gingen in den letzten Jahren größtenteils in das Wettrüsten zwischen der Türkei und Griechenland, das nicht zuletzt durch den ungelösten Zypernkonflikt geschürt wird.

Dass im Jahr 2020 die letzten Kriege der Menschheitsgeschichte abgeschlossen sein werden, ist sehr unwahrscheinlich; ebenso werden Landminen oder gar Atombomben dann nicht der Vergangenheit angehören. Aber es ist zweifellos möglich, dass Kriege in den kommenden Jahren seltener werden, und dass die bescheidenen, aber doch realen Abrüstungsschritte der vergangenen Jahre intensiviert werden.

Der zweite Aspekt sozialer Nachhaltigkeit, den ich hier ansprechen will, sind die vielfältigen Formen sozialer Ausschließung. Dazu gehört die massenhafte Armut, die Milliarden Menschen von weiten Bereichen des gesellschaftlichen Lebens ausschließt. Dazu gehören auch Normen und Rituale, welche es Frauen nahezu unmöglich machen, sich frei zu entfalten. Es ist nicht immer einfach, soziale Ausschließung im Sinne dieser Beispiele von der Tatsache zu unterscheiden, dass das soziale

Leben stets darauf beruht, dass nicht jeder Mensch an jedem sozialen Ereignis teilnehmen kann – es gibt gute Gründe dafür, dass in einem Flugzeug die Passagiere nicht einfach im Cockpit Karten spielen können. Es wird aber kaum jemand behaupten wollen, es gebe ähnlich triftige Gründe dafür, dass Millionen von Kindern, die in Slums aufwachsen, von Entfaltungsmöglichkeiten ausgeschlossen bleiben, die anderswo selbstverständlich sind.

Bis 2020 kann die soziale Ungleichheit sowohl in den Industrie- als auch in den Entwicklungsländern deutlich reduziert werden. Das würde jedoch eine Umkehrung des Trends der letzten Jahrzehnte bedeuten, und diese Umkehr wird nicht leicht zu bewerkstelligen sein. Ebenso kann die soziale Ungleichheit zwischen den Nationen massiv reduziert werden. Der Aufstieg der sogenannten Schwellenländer ist dafür ein eindrücklicher Beleg. Allerdings wird viel darauf ankommen, auch die Länder, denen ein solcher Aufstieg bis jetzt nicht geglückt ist – das betrifft vor allem große Teile Afrikas –, mit ins Boot zu holen.

Die wirtschaftliche Dimension

Im Hinblick auf die Überwindung der Massenarmut im globalen Maßstab ist die Höhe des Wirtschaftswachstums ein wesentlicher Aspekt der wirtschaftlichen Entwicklung; aber natürlich kann sie nicht der einzig wichtige sein. Ähnlich wie beim Gang eines Wanderers nützt eine hohe Geschwindigkeit wenig, wenn die Richtung nicht stimmt.

Gegenwärtig beträgt das Welt-Bruttoinlandsprodukt rund 65 Billionen Euro, das globale Pro-Kopf-Einkommen gut 9.000 Euro[23]. Es ist keine Frage, dass die globale Armut bis 2020 weiter sinken kann, und zwar umso mehr, je höher das Wirtschaftswachstum in den armen Ländern ist. China wird kaum noch schneller wachsen können, die meisten armen Länder der Welt sehr wohl. Das globale Pro-Kopf-Einkommen kann bis 2020 durchaus um fünf Prozent pro Jahr wachsen, das globale BIP (wegen des Bevölkerungswachstums von rund einem Prozent) entsprechend um sechs Prozent.

Um sicherzustellen, dass dieses wirtschaftliche Wachstum nicht die ökologische Komponente der Nachhaltigkeit zunichte macht, muss es gegenüber der Entwicklung seit der Industrialisierung die Richtung ändern, sprich sich in anderen Bereichen – mit neuen Produkten und Technologien – fortsetzen. Das wird nicht schlagartig gehen, doch es gibt genügend Ansätze, die energisch verstärkt werden können. Dazu gehören die enormen Fortschritte, die in den Industrieländern beim Gewässerschutz erzielt werden konnten, oder der Aufschwung, den die Erzeugung von Wind- und Sonnenenergie nicht nur in Industrie-, sondern auch in manchen Entwicklungs- und Schwellenländern genommen hat.

Die Wachstumsrichtung zu ändern wird bedeuten, dass bestehende Kapitalanlagen schneller abgeschrieben, Anlagen neuen Typs schneller gebaut werden. Beides wird das Wachstum nicht nur in armen, sondern auch in reichen Ländern steigern: Green Growth heißt, die Richtung des Wirtschaftswachstums so zu ändern, dass die dazu erforderlichen Investitionen das Wachstum beschleunigen und zusätzliche Beschäftigung schaffen. Ein Leben jenseits des Wirtschaftswachstums kann in diesem Jahrhundert durchaus eine erfreuliche Wirklichkeit werden – aber erst nachdem die globale Armut überwunden ist.

Wie Abbildung 1.2 zeigt, liegt die Bruttoinvestitionsquote in Ländern wie den USA oder Deutschland bei knapp 20 Prozent. Die Nettoinvestitionen, also der Zuwachs des Kapitalstocks, betragen etwa ein Viertel der Bruttoinvestitionen. Das heißt, dass nur etwa fünf Prozent des Bruttoinlandsprodukts für Nettoinvestitionen verwendet werden. Um die Richtung des Wirtschaftswachstums im Sinne der Nachhaltigkeit zu verändern, müssen in den Industrieländern sowohl die Netto- als auch die Bruttoinvestitionen steigen.

Insbesondere eine umfassende energetische Sanierung und die damit verbundene Erneuerung von Gebäuden wird die Investitionsrate deutlich erhöhen. Das wiederum fördert Learning by Doing in den verschiedensten Bereichen. Dazu gehört das Baugewerbe, aber auch die chemische Industrie, in der neue Isolationsmaterialien entwickelt werden, die Robotik, von der neue Herstellungsverfahren kommen, und viele mehr.

In den kommenden Jahren kann der Richtungswechsel eingeleitet werden, indem die Nettoinvestitionen von fünf auf rund acht Prozent des BIP gesteigert werden. Dadurch kann wiederum das Wirtschaftswachstum in reichen Ländern wie den USA, Deutschland oder Japan um etwa einen Prozentpunkt – also zum Beispiel von zwei auf drei Prozent – gesteigert werden.

Da die Nettoinvestitionen im Wesentlichen aus Vermögenseinkommen finanziert werden, heißt das, dass der Anteil der Vermögenseinkommen, der produktiv investiert wird, ebenfalls gesteigert werden muss. Das ist durchaus möglich: Die Vermögenseinkommen machen etwa 30 Prozent des BIP aus, davon wird nur etwa ein Sechstel (die erwähnten fünf Prozent des BIP) investiert. Dieser Anteil sollte also auf etwa ein Viertel gesteigert werden.

Um die Chance grünen Wachstums zu begreifen, ist es wesentlich, sich von einem noch allzu weit verbreiteten Bild der heutigen Wirtschaft zu lösen. Dieses Bild stellt die Wirtschaft als ein System mit einem einzigen Gleichgewicht dar. Kommt es durch einen Impuls zu einer Störung des Gleichgewichts, kehrt es irgendwann zum Ausgangspunkt zurück (vgl. Abbildung 2.1). Dieses Gleichgewicht ist der Wachstumspfad, den die Industrieländer in den letzten Jahrzehnten verfolgt haben.

Will man in einem solchen System zum Beispiel die Treibhausgasemissionen reduzieren, so muss man das ganze System verschieben, indem die Kosten dieser Emissionen für die relevanten Akteure erhöht werden. In Abbildung 2.1 ist das durch die gestrichelte Linie angedeutet. Das Problem dabei ist, dass durch die entsprechenden Maßnahmen Schäden abgewendet werden sollen, die erst in mehreren Jahrzehnten, größtenteils sogar nach 2100, zu erwarten sind. Das heißt, dass in der Gegenwart Einbußen an Wohlstand, Umsatz und Gewinnen erfolgen. In den Verhandlungen, die zur Realisierung der entsprechenden Maßnahmen erforderlich sind, werden deshalb alle Parteien gelinde gesagt in Versuchung sein (deutlicher gesagt: energisch danach streben), diese Bürde anderen aufzuladen. Mit anderen Worten: Die Verhandlungen sind durch eine Nullsummen-Mentalität geprägt. Und da die maßgebenden Verhandlungspartner alle ähnlich geschickt sind, werden sie sich gegenseitig blockieren. Genau das ist die Realität der aktuellen Klimapolitik – und ähnliche Konstellationen sind in anderen Bereichen globaler Umweltpolitik zu beobachten.

Glücklicherweise ist das Bild der Wirtschaft als Ein-Gleichgewichts-Systems aber eine Vereinfachung, die nur bei der Betrachtung kleiner Veränderungen angemessen ist. In Wirklichkeit kennt die Wirtschaft viele mögliche Gleichgewichtszustände, in denen sie eine Zeit lang verharren kann, um dann relativ schnell in einen anderen zu wechseln (Abbildung 2.2).

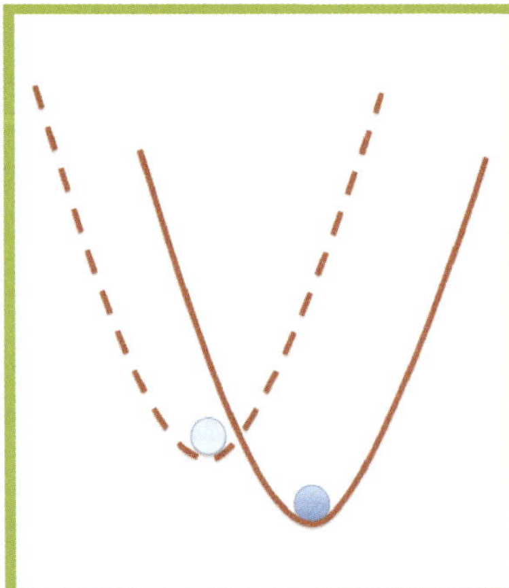

Abbildung 2.1
Ein Ein-Gleichgewichts-System

Prinzipiell ist dieser Sachverhalt in der ökonomischen Forschung seit der Entdeckung des sogenannten Sonnenschein-Mantel-Debreu-Theorems bekannt[24]. In der Praxis der Politikberatung allerdings wird weiter mit Ein-Gleichgewichts-Modellen gearbeitet, weil die Entwicklung praxisnaher und zugleich komplexerer Modelle enorm schwierig ist. Das hat die gewichtige Konsequenz, dass das Wachstumspotenzial grüner Innovationen für die Wirtschaft als Ganzes gering erscheint (im Hinblick auf Fragen des Wirtschaftswachstums ist dabei ein Gleichgewicht nicht eine Momentaufnahme, sondern ein Wachstumspfad)[25].

Mittlerweilen hat auch die Finanzkrise von 2007/08 gezeigt, dass die Architektur der in der Politikberatung üblichen Modelle zwar für die Untersuchung marginaler Veränderungen in der Umgebung eines gegebenen wirtschaftlichen Gleichgewichts brauchbar ist, aber nicht für die Untersuchung von Übergängen von einem möglichen Gleichgewicht zu einem anderen[26]. Da der Übergang zu einer nachhaltigen Entwicklung ein Paradebeispiel für eine tief greifende Umstrukturierung der Wirtschaft ist, gibt es einen deutlichen und dringenden Bedarf nach einer Weiterentwicklung der bestehenden Modelle. Denn diese Modelle ver-

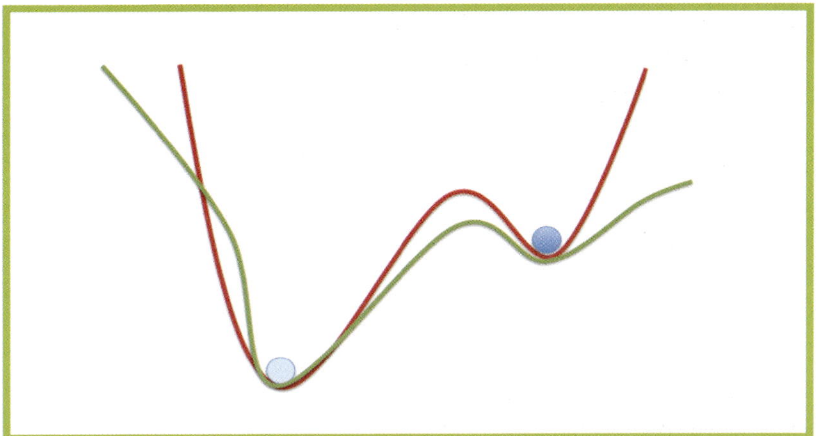

Abbildung 2.2
Ein Mehr-Gleichgewichts-System

körpern einen großen Reichtum an empirischen Kenntnissen über die Vergangenheit, nutzen ihn aber nicht im Hinblick auf mögliche Übergänge zu anderen Gleichgewichten.

Erste Schritte in diese Richtung wurden von einer europäischen Forschergruppe unternommen, die die Möglichkeiten grünen Wachstums in Europa untersucht hat[27]. Dabei konnte gezeigt werden, dass es in der Tat möglich ist, die Treibhausgasemissionen in Europa stärker zu senken und dabei trotzdem stärkeres Wachstum und höhere Beschäftigung zu bewirken. Der entscheidende Punkt dabei ist, dass die Absenkung der Emissionen zusätzliche Investitionen verlangt, die nicht auf Kosten der bisherigen Investitionen gehen dürfen, um das Investitionsvolumen insgesamt zu vergrößern. Ein höheres Investitionsvolumen führt erfahrungsgemäß zu Learning by Doing, will sagen zu höherer Produktivität. Dadurch können Wachstum und Beschäftigung gesteigert werden. Wenn es nun gelingt, die Erwartungen der Investoren auf eine solche Möglichkeit grünen Wachstums auszurichten, lässt sich ein neuer, höherer Wachstumspfad realisieren. Die Steigerung der Investitionen geht dann nicht zulasten des Konsums;

vielmehr mobilisiert sie ungenutzte Reserven an Arbeitskraft und Innovationsfähigkeit.

Wenn – und wohl auch nur wenn – reiche Gesellschaften den Tatbeweis für die Möglichkeit einer Emissionsminderung ohne Wachstumsverluste erbringen, kann erwartet werden, dass auch Entwicklungsländer, die in erster Priorität bestrebt sind, die eigene Armut zu überwinden, sich auf eine wirksame Klima- und Umweltpolitik einlassen. Die Idee eines »grünen Wachstums« ist in letzter Zeit auf wachsendes Interesse gestoßen[28]. Doch nur wenn sie sich im globalen Wettbewerb behaupten kann, wird sie in den kommenden Jahren auch in die Tat umgesetzt werden.

Natürlich kann und soll der Erfolg grüner Wachstumsstrategien nicht einfach am herkömmlichen Indikator des Sozialprodukts gemessen werden – Gesundheit, Bildung und andere Aspekte der Lebensqualität sind mindestens so wichtig wie die Summe der unternehmerischen Wertschöpfung, die durch das BIP erfasst wird. Doch so unsinnig es ist, eben dieses BIP als Maß menschlichen Glücks zu behandeln, so wichtig ist dieses Maß, wenn es darum geht, die wirtschaftliche Entwicklung zu beobachten. Grünes Wachstum kann in den kommenden Jahrzehnten nicht bedeuten, weniger Wertschöpfung in Kauf zu nehmen, um dafür mehr Umweltschutz und weitere Ziele gesellschaftlichen Lebens zu erreichen. In einer ferneren Zukunft, in der massenhafte Armut kein Thema mehr sein wird, kann wirtschaftliches Wachstum getrost zu einem Relikt der Vergangenheit werden (vgl. dazu Kapitel 4); doch zunächst stehen wir vor der Aufgabe, ökologische und soziale Ziele so zu verfolgen, dass mindestens so viel Wachstum erreicht wird wie ohne eine nachhaltige Balance von Wirtschaft, Gesellschaft und Umwelt.

Dabei stellt sich die Frage, welche Institutionen erforderlich sind, um die globale Koordinationsleistung zu erbringen, die für eine nachhaltige Entwicklung auf diesem Planeten nötig ist[29]. Offensichtlich spielt die UNO dabei eine wesentliche Rolle, ebenso wie andere Plattformen wie die G20, in denen sich Nationalstaaten zu koordinieren versuchen. Es ist aber fraglich, ob langfristig ein Zusammenschluss von Regierungen genügt, um die globale Wirtschaft in Richtung Nachhaltigkeit – das heißt auch: weitgehend frei von Treibhausgasemissionen – zu bewegen. Schon zur Regulierung der Geldversorgung hat es sich als vorteilhaft erwiesen, eine von der Regierung unabhängige Institution – die Zentralbank – einzurichten. Für die verschiedensten technischen Standards gibt es international operierende Organisationen, die nicht von Nationalstaaten eingerichtet sind; ein besonders interessanter Fall sind dabei professionelle Vereinigungen, die oft auch eine wichtige Rolle bei der Definition von Ausbildungsgängen spielen.

Vor einem guten Jahrhundert schrieb einer der Begründer der heutigen Sozialwissenschaften, der Franzose Émile Durkheim, dass der Zusammenhalt einer arbeitsteiligen Gesellschaft auf Dauer nicht durch Verwandtschaft und Nation allein gewährleistet werden könne[30]. Vielmehr müssten dazu solidarische Bindungen innerhalb von Berufsgruppen entwickelt und institutionalisiert werden. Die erwähnte Rolle professioneller Vereinigungen bei der Entwicklung von Standards bietet in der heutigen Situation einen möglichen Ansatz in diese Richtung. Eine bedenkenswerte Möglichkeit besteht darin, die Aufgabe der Regulierung globaler Märkte nicht einfach Institutionen, die durch Nationalstaaten gebildet werden, zu übertragen, sondern dazu ausgehend von den verschiedensten Ansätzen neue Institutionen zu entwickeln. In diesen können dann internationale Berufsverbände mit der Zeit eine tragende Rolle übernehmen.

Die Gestaltungskraft solcher Verbände kann längerfristig auf vier Funktionen beruhen. Erstens können sie Träger von Ausbildungsgängen in den jeweiligen Berufsfeldern sein. Zweitens können sie ein Stück weit die Altersvorsorge ihrer Mitglieder organisieren. Dadurch werden sie zu Verwaltern von Vermögen, die groß genug sind, um grundlegende wirtschaftliche Entwicklungen zu beeinflussen. Das heißt drittens, dass sie zu Eigentümern großer Teile des Produktivvermögens werden können, wodurch soziale Ungleichheit abgebaut werden kann ohne auf die schiefe Ebene paternalistischer Staatskonzeptionen zu geraten. Und viertens können sie das Know-how des jeweiligen Berufsfeldes pflegen und weiterentwickeln. Bis 2020 werden Berufsverbände kaum eine prägende Rolle für die Weltwirtschaft spielen. Doch sie können im Übergang zur Phase des grünen Wachstums eine umfassendere Perspektive nachhaltiger Entwicklung zu entfalten beginnen und schrittweise konsolidieren.

Kapitel 3

2050: Das chinesische Jahrhundert?

Der wirtschaftliche Umbruch

2010 betrug das Pro-Kopf-Einkommen der USA knapp 50.000 US-Dollar, jenes Chinas etwa 7.000 Dollar. Wie wir in Abbildung 1.1 gesehen haben wächst Ersteres seit zwei Jahrhunderten im langfristigen Durchschnitt mit etwa zwei Prozent pro Jahr; das Chinas wächst hingegen seit einigen Jahrzehnten mit etwas weniger als zehn Prozent. Nachdem das chinesische Pro-Kopf-Einkommen vor und nach der Finanzkrise der Jahre 2007/08 mit rund zehn Prozent gewachsen ist, hat die chinesische Regierung nun beschlossen, für die kommenden Jahre eine etwas geringere Wachstumsrate von sieben Prozent anzustreben, um die Gefahr von Produktionsengpässen, aber auch die Umweltbelastung zu reduzieren.

Wie Abbildung 3.1 zeigt, würde eine stetige Senkung der chinesischen Wachstumsrate von zehn auf vier Prozent immer noch bedeuten, dass das Pro-Kopf-Einkommen Chinas dasjenige der USA vor 2050 erreicht – wohlgemerkt, ein Pro-Kopf-Einkommen, das dann etwa doppelt so groß sein dürfte wie das der heutigen USA.

Da die Bevölkerung Chinas etwa vier Mal so groß ist wie jene der USA, bedeutet dies, dass das chinesische BIP schon erheblich früher dasjenige der USA übertreffen würde. Es stellen sich unmittelbar zwei Fragen. Wird das amerikanische Pro-Kopf-Einkommen in den kommenden Jahrzehnten erheblich schneller wachsen als mit einer Rate von zwei Prozent? Die Stabilität dieser Rate über die letzten zwei Jahrhunderte spricht dagegen, und es ist kein Grund zu sehen, warum sich an diesem langfristigen Muster der amerikanischen Wirtschaft in den kommenden Jahrzehnten etwas Grundlegendes ändern sollte. Und: Wie lange kann

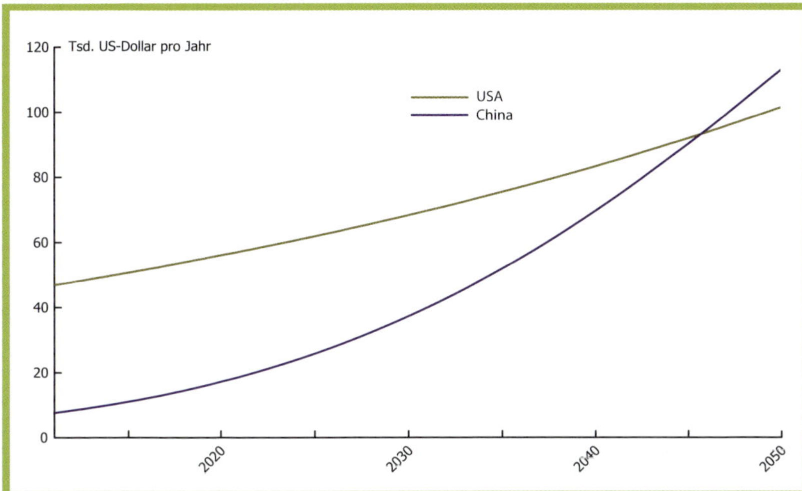

Abbildung 3.1
Entwicklung des Pro-Kopf-Einkommens in den USA und China
Für die USA wird eine Wachstumsrate von zwei Prozent zugrunde gelegt, für China eine Wachstumsrate, die von zehn Prozent auf vier Prozent fällt.

China eine deutlich höhere Wachstumsrate als die USA aufrechterhalten? Es gibt keinen Punkt, ab dem das von vornherein unmöglich wäre. So wie die USA einst ärmer als England waren und dieses dann überflügelt haben, kann das auch mit China geschehen – und gegenwärtig ist das sogar sehr wahrscheinlich.

Natürlich kann China in alle möglichen Schwierigkeiten geraten, durch die sein Wirtschaftswachstum einbrechen könnte. Doch dann ist mit sozialen Spannungen in China zu rechnen, die sich nur Zyniker wünschen können. Die interne Grausamkeit der chinesischen Gesellschaft hat im Lauf der Geschichte immer wieder Ausmaße erreicht, die den Schrecken der napoleonischen Kriege oder des amerikanischen Bürgerkrieges in nichts nachstehen. Und es gibt im heutigen China genug Episoden, die zeigen, dass es in Zukunft noch schlimmer kommen kann. Ich verfolge diese Möglichkeit an dieser Stelle nicht weiter, weil ich hier in erster Linie an Vorstellungen einer wünschenswerten Zukunft interessiert bin, nicht weil ich andere Zukünfte für unwahrscheinlich halten würde.

Entscheidend ist im vorliegenden Zusammenhang, dass China im Laufe dieses Jahrhunderts einen Wohlstand erreichen kann, der mit demjenigen Amerikas, und also erst recht Europas oder Japans, vergleichbar sein wird. Und da die chinesische Bevölkerung nun einmal so viel größer ist als diejenige der USA, ist damit zu rechnen, dass die Weltwirtschaft in einem heute schwer vorstellbaren Ausmaß durch China geprägt sein wird.

Dies bedeutet natürlich auch, dass die bittere Armut, in der heute noch Hunderte Millionen von Chinesen leben, in wenigen Jahrzehnten überwunden werden kann. Und wenn das in China möglich ist, dann werden die Milliarden Menschen, die gegenwärtig in anderen Ländern in Massenarmut leben, nach Wegen suchen, diesem Schicksal zu entkommen. Es ist sowohl wünschenswert als auch möglich, dass sie dabei Erfolg haben. Das heißt, dass die globale Einkommensverteilung (Abbildung 1.3) sich nach rechts verschieben wird, und dass zugleich die globale Ungleichheit deutlich abnehmen wird. Es gibt keine Garantie dafür, dass das geschehen wird, doch in einem Szenario nachhaltiger Entwicklung ist es zweifellos eine wichtige Möglichkeit.

Von 2020 bis 2050 wird die Weltwirtschaft gemäß dieser Vorstellung in großem Ausmaß wachsen: Die globale Wachstumsrate des Pro-Kopf-Einkommens wird zwischen den zwei Prozent der USA und den sieben Prozent Chinas liegen, vier Prozent sind ein plausibler Wert. Gleichzeitig wird auch die globale Bevölkerung noch bis auf etwa neun Milliarden wachsen (dazu gleich mehr).

Das globale BIP wird sich dann in dieser Zeit etwa versechsfachen, von gegenwärtig rund 65 auf knapp 400 Billionen Dollar. Das entspricht einer Wachstumsrate von rund 4,5 Prozent. Der Kapitalstock der Weltwirtschaft wird dann etwa dreimal so viel wert sein, also rund 1,2 Billiarden Dollar[31]. Das globale Pro-Kopf-Einkommen wird rund 45.000 Dollar, der Kapitalstock pro Kopf etwa das Dreifache, nämlich rund 140.000 Dollar betragen.

Die heutigen Formen der institutionellen Altersvorsorge werden weiterhin wichtig sein, aber nur einen Teil der gesamten Altersvorsorge abdecken, ebenso wie die traditionelle Form der Altersfürsorge durch die Verwandten. Daneben können internationale Berufsverbände, wie sie in Kapitel 2 skizziert wurden, eine wachsende Rolle in der Altersvorsorge übernehmen.

Stellen wir uns einen Moment vor, dass die Menschen im Schnitt 65 Jahre arbeiten und zehn Jahre in Rente verbringen werden, wobei sie eine Rente von rund der Hälfte ihres früheren Einkommens verdienen werden (die genauen Zahlen sind nicht so wichtig, die groben Proportionen schon). Dann könnten sie rund 60.000 Dollar pro Jahr verdienen und davon 5.000 Dollar pro Jahr sparen. Auf 6,5 Beschäftigte käme ein Rentner, der oder die dann rund 30.000 Dollar jährliche Rente beziehen würde. Wenn jemand in Rente geht, hätte er oder sie dann im Schnitt 300.000 Dollar gespart, die durchschnittliche Ersparnis pro Kopf wären rund 140.000 Dollar. Bei einer Gesamtbevölkerung von neun Milliarden ergäbe das ein Vermögen von rund 1,2 Billiarden Dollar.

Das heißt nichts anderes, als dass die Ersparnis zur Altersvorsorge ausreichen würde, um praktisch den gesamten Kapitalstock der Weltwirtschaft zu kaufen. Angenommen im Jahr 2050 decken Berufsverbände ein Drittel der globalen Altersvorsorge, so werden sie zu bestimmenden Kräften in der Weltwirtschaft. Das wäre ein willkommenes Korrektiv zur notwendig kurzfristigen Denkweise vieler herkömmlicher Investoren und Manager.

Schon heute ist ein erheblicher Teil des Kapitalstocks immateriell, insbesondere spielt geistiges Eigentum in der Wissensgesellschaft eine wachsende Rolle. Berufsverbände sind als Träger geistigen Eigentums besonders geeignet, da sie in großem Umfang auf professionelles Know-how zugreifen können. Dadurch werden sie oft eher in der Lage sein, Risiken und Chancen, die durch spezialisiertes Wissen eröffnet werden, zu beurteilen, als staatliche Behörden.

Bis 2050 ist es auch ohne Weiteres möglich, dass die verschiedenen Berufsfelder, die dann die Weltwirtschaft prägen werden, ihr jeweiliges Know-how auf eine Perspektive nachhaltiger Entwicklung ausrichten.

Die Berücksichtigung ökologischer Faktoren wird dann der Wirtschaft nicht in erster Linie durch politische Rahmenbedingungen aufgedrängt werden, sondern mehr und mehr durch die Kreativität der Berufstätigen, die individuell und eben auch kollektiv diese Randbedingungen als Herausforderung zur Entwicklung neuer Lösungen annehmen werden. Denn bis 2050 werden die ökologischen Gegebenheiten noch eine ganz andere Dringlichkeit gewinnen als die, die sie schon heute haben.

Die ökologische Herausforderung

Die Zukunft lässt sich in vieler Hinsicht nicht vorherbestimmen, etwa wenn es darum geht, das langfristige Bevölkerungswachstum im Detail zu prognostizieren. Es gibt aber wenig Zweifel daran, dass sich das globale Bevölkerungswachstum in den kommenden Jahrzehnten weiter verlangsamen wird. Gerade die Überwindung der Armut, die im vorigen Kapitel erörtert wurde, dürfte massiv dazu beitragen, umso mehr als sie mit einer weiteren Verstädterung und einem Anstieg der allgemeinen Bildung einhergehen dürfte – beides Faktoren, die das Bevölkerungswachstum ebenfalls drosseln. Beim Versuch, eine wünschenswerte und zugleich realistische Zukunft zu entwerfen, kann man also von der plausiblen Orientierungsmarke ausgehen, dass sich die Weltbevölkerung um 2050 bei etwa neun Milliarden Menschen stabilisiert[32], immer vorausgesetzt, dass sich die Menschheit von äußerst tief verwurzelten Entwicklungsmustern lösen kann. Denn damit verabschieden wir uns von dem demografischen Wachstumspfad, der unsere Entwicklung seit Menschengedenken prägt, und zwar nicht, wie andere Spezies, weil knappe Ressourcen zu einer Steigerung der Mortalität führen, sondern weil steigender Wohlstand zu einer Senkung der Geburtenrate (und damit verbunden einer größeren Wertschätzung des einzelnen Individuums) führt.

Wenn unsere Zukunft erfreulich sein soll, wird ein ähnlicher Wandel beim Energieverbrauch nötig sein. Denn dessen weitere globale Steigerung wird zusehends problematisch. Die Risiken des von uns Menschen verursachten Klimawandels zusammen mit der Schwierigkeit, kostengünstige und risikoarme Alternativen in gewaltigem Maßstab zu entwickeln, tragen entscheidend dazu bei.

Ein weiterer Grund ist die Tatsache, dass der menschliche Energieverbrauch inzwischen ein Niveau erreicht hat, da er die Welt, in der wir Menschen uns entwickelt haben, für uns selbst unwohnlicher zu machen droht. So sind wir zum Beispiel nicht gut geeignet für eine Welt, in der wir immer wieder auf Plutonium und andere stark radioaktive Substanzen stoßen können. Auch ist keineswegs klar, wie lange wir die fruchtbaren Böden auf unserem Planeten mit energieintensiver Bewirtschaftung strapazieren können, ohne zumindest die Schönheit unserer Welt, vielleicht aber auch unsere Gesundheit und sogar unsere langfristige Ernährungsbasis zu gefährden. Und es kann durchaus sein, dass erneuerbare Energien uns mit neuartigen Risiken konfrontieren, wenn wir sie in dem Maßstab einsetzen, der nötig wäre, um die fossilen Brennstoffe in Zukunft zu ersetzen.

Deshalb ist die Frage wichtig, ob und wie sich der globale Energieverbrauch stabilisieren lässt. Wie wir in Kapitel 2 gesehen haben, verbrauchen wir Menschen gegenwärtig eine Menge von etwa zwei Kilowatt pro Kopf. Diese Zahl nimmt um etwa 20 Watt pro Jahr und Kopf zu. Eine Fortsetzung dieses linearen Trends würde bedeuten, dass der prozentuale Zuwachs von gegenwärtig etwa einem Prozent bis 2050 auf gut 0,5 Prozent sinken würde, während der Pro-Kopf-Verbrauch insgesamt auf knapp drei Kilowatt steigen würde. Der globale Energieverbrauch würde dabei auf rund 27 Milliarden Kilowatt ansteigen, also knapp das Doppelte des heutigen Werts.

Der entscheidende Punkt ist jedoch, dass ich hier eine Entwicklung ins Auge fasse, bei der die globale Ungleichheit, die die Welt seit Beginn der Industrialisierung kennzeichnet, überwunden wird. Dies beruht auf einem Aufholprozess, dessen wichtigster Treiber China ist, der aber zunehmend weltweit in Gang kommt und den zu stoppen weder wünschenswert noch besonders realistisch wäre.

Einen solchen Aufholprozess wird es auch beim Energieverbrauch pro Kopf geben. In Nordamerika beträgt dieser etwas über zehn Kilowatt, in den meisten übrigen Industrieländern etwas über fünf Kilowatt. Wenn Länder wie China oder Brasilien die Industrieländer in den kommenden Jahrzehnten erfolgreich nachahmen, so hängt viel davon ab, ob die Industrieländer ihren Energieverbrauch pro Kopf senken. Ein ehrgeiziges, aber erreichbares Ziel ist eine Senkung um rund zwei Prozent pro Jahr. Damit lägen die Nordamerikaner bei rund fünf Kilowatt pro Kopf, die Europäer, Japaner & Co. bei rund drei. Letzteres könnte dann der Wert sein, auf den die erfolgreichsten unter den heutigen Entwicklungsländern kämen, während andere etwas darunter lägen. Der Durchschnitt von drei Kilowatt pro Kopf wäre damit jedenfalls erreichbar. Dies wird jedoch nur umzusetzen sein, wenn die Industrieländer auch wirklich massive Anstrengungen zur Senkung des eigenen Energieverbrauchs unternehmen.

Wohin würde eine solche Entwicklung bei den Treibhausgasemissionen führen? Beim heutigen Emissionsprofil von zwei Tonnen CO_2 pro Kopf für jedes Kilowatt Pro-Kopf-Verbrauch an Energie ergäben sich bei drei Kilowatt pro Kopf und neun Milliarden Menschen 54 Milliarden Tonnen CO_2.

Zum Glück ist jedoch bis 2050 ein massiver Ausbau der erneuerbaren Energien möglich. Bei einer Wachstumsrate von zehn Prozent und einer Ausgangsproduktion von 400 Millionen Kilowatt im Jahr 2020 (vgl. Kapitel 2) wären wir 2050 bei rund acht Milliarden Kilowatt – immerhin einem Drittel der Energieproduktion, die ich hier für 2050 ins Auge fasse. Die CO_2-Emissionen wären damit schon einmal von 54 auf 36 Tonnen reduziert. Eine weitere Reduktion ist durch Verbesserungen der Kraftwerkstechnologie, durch den absehbaren Wechsel von Kohle zu Gas und durch CCS – die Abscheidung und Speicherung von CO_2 bei der Verbrennung fossiler Brennstoffe – realisierbar. Damit sollte es möglich sein, bis 2050 die Emissionen unter 20 Millionen Tonnen zu drücken, was gegenüber dem Wert von 2010 eine Reduktion von über einem Drittel bedeuten würde.

Natürlich sind auch sehr viel ehrgeizigere Entwicklungen denkbar, bis hin zu einer weltweit hundertprozentigen Versorgung mit erneuerbaren Energien. Ebenso ist es sehr wohl möglich, dass die globalen Emissionen bis 2050 noch einmal um 50 Prozent und mehr zunehmen. Auf jeden Fall ist eine Reduktion des Energieverbrauchs sowie der dadurch pro Einheit verursachten Emissionen in den Industrieländern durchaus zu bewerkstelligen. Aufgrund der in Kapitel 2 erörterten Mechanismen – Investitionsschub, Learning by Doing und Erwartungsmanagement – kann das eine Perspektive verstärkten Wachstums im Sinne von Green Growth eröffnen. Die zu erwartende moderate Erhöhung der Energiepreise kann dabei durch deutliche Einkommenssteigerungen mehr als wettgemacht werden. Dadurch können die Menschen in den reichen Ländern nicht nur den Energieverbrauch und die Emissionen bei ihnen selbst senken, sondern vor allem bewirken, dass der Aufholprozess der übrigen Menschheit nicht bei den heutigen Werten der Industrieländer endet.

Dass in diesem Aufholprozess die überwältigende Mehrheit der Menschheit ihren Energieverbrauch und ihre Emissionen weiter steigern wird, ist unvermeidlich. Und auf die Frage, wie weit das gehen wird, gibt es eine einfache Antwort: bis zu der Größenordnung, die bei der reichen Minderheit üblich ist. Natürlich wird es auch in Zukunft vielerlei Ungleichheiten geben: die des Pro-Kopf-Einkommens, des Energieverbrauchs, der Emissionen und auch manch anderer Größe. Doch das heutige Maß an Ungleichheit wird sich nicht aufrechterhalten lassen, und wer es trotzdem versuchen wollte, würde sowohl unklug als auch unmoralisch handeln.

Green Growth in den ärmeren Ländern kann also in den kommenden Jahrzehnten nicht bedeuten, die dortigen Emissionen zu senken. Aber es kann bedeuten, die bebaute Umwelt mehr und mehr so zu gestalten, dass sie die Schönheit der Welt hervorhebt, anstatt sie zu entstellen. Es kann bedeuten, durch »Precision Farming« in der Landwirtschaft gleichzeitig Kosten zu sparen und die lokale ebenso wie die globale Umwelt zu schützen. Korallenriffe, Urwälder, Moorlandschaften können die Chance bekommen, sich von den Strapazen, die sie in der jüngsten Vergangenheit ertragen mussten, zu erholen. Sodann wird es der steigende Wohlstand möglich machen, den Zugang zu sauberem Wasser weltweit zu sichern und manche der ärgsten Gesundheitsprobleme der Vergangenheit zu lösen. Wenn sich dabei nicht neue Probleme – Diabetes, Fettleibigkeit,

Pandemien und mehr – in erschreckendem Tempo entwickeln sollen, müssen allerdings weitreichende Veränderungen in Lebensstil, Kultur und auch in den gesetzlichen Regelungen erfolgen.

Manche Umweltbelastungen werden jedenfalls unvermeidbar sein, wenn die Massenarmut auf diesem Planeten in den kommenden Jahrzehnten überwunden werden soll. Insbesondere wird es zu einer spürbaren Temperaturerhöhung in der Größenordnung von einem Grad kommen – wobei das in manchen Gegenden deutlich mehr, in anderen entsprechend weniger sein wird. Auch der Meeresspiegel wird merklich ansteigen, im Durchschnitt um etwa zehn Zentimenter, wiederum in manchen Gegenden mehr, in anderen weniger. Diese Veränderungen sind weltweit durchaus verkraftbar, wenn der Wohlstand so steigt, wie ich es hier ins Auge fasse. Aber sie sind Vorboten sehr viel ernsterer Risiken, deren Vermeidung Formen globaler Kooperation erfordern wird, wie sie die Menschheit bisher nicht kennt. Dabei ist zu bedenken, dass sich aller Voraussicht nach bis 2050 zwischen den USA und China eine Rivalität zuspitzen wird, wie sie die Menschheit bisher ebenso wenig kannte.

Die Zukunft der Gewalt

Ein anerkannter Spezialist für internationale Beziehungen hat in einem unterhaltsam geschriebenen Aufsatz dargelegt, weshalb es recht wahrscheinlich ist, dass die Rivalität zwischen den USA und China in diesem Jahrhundert mit militärischen Mitteln ausgetragen werden wird[33]. Dass dabei die Schrecken der beiden Weltkriege des vergangenen Jahrhunderts noch übertroffen werden können, wird zwar gerne verdrängt, ist aber angesichts der nuklearen und anderer Waffenarsenale und der sich entwickelnden satellitengestützten High-Tech-Kriegsführung nur allzu plausibel.

Die Geschichte Deutschlands und Englands bietet Anschauungsmaterial dafür, wie eine Hegemonialmacht und ein Herausforderer sich in Kriege verstricken können, über die sie weitgehend die Kontrolle verlieren. Die Geschichte zeigt, mit welcher Entschlossenheit die USA immer wieder militärische Gewalt eingesetzt haben, um die militärische Präsenz von England, Frankreich und Spanien auf einen Abstand von Tausenden von Kilometern zurückzudrängen. Im Krieg gegen Japan wurden nukleare Waffen eingesetzt, und als Russland versuchte, solche Waffen auf Kuba zu stationieren, drohte Amerika erfolgreich mit dem nuklearen Schlagabtausch. Krieg ist faktisch ein normales Mittel amerikanischer Außenpolitik, ebenso wie geheimdienstliche Aktivitäten zur Destabilisierung unerwünschter Regierungen. So wichtig es manchmal ist, auch in der Politik moralische Maßstäbe anzulegen, so wichtig ist es hier, moralische Fragen zurückzustellen, um Wege der Friedenssicherung in einer kriegsträchtigen Konstellation zu suchen.

Denn auch China hat in seiner Geschichte zur Genüge bewiesen, dass es den Krieg als ein normales Mittel der Außenpolitik betrachtet. Zugleich ist schwer vorstellbar, dass ein erstarkendes China auf Dauer die amerikanische Präsenz in Südkorea, Japan, Singapur bis hin zu Pakistan und Afghanistan einfach hinnehmen wird, und erst recht, dass es darauf verzichten wird, Taiwan wieder zum integralen Bestandteil Chinas zu machen.

Dies alles muss natürlich nicht auf einen Krieg zwischen Amerika und China hinauslaufen. Aber erstens wird es alles andere als leicht sein, einen solchen zu vermeiden, und zweitens sind alle möglichen Arten von Stellvertreterkriegen nur allzu gut vorstellbar, einschließlich der Versuche, von außen Öl in das Feuer innerer Konflikte Chinas zu gießen.

Auch losgelöst von der Rivalität zwischen Amerika und China bleiben im 21. Jahrhundert die Realität und die Gefahr von Kriegen eine der großen Herausforderungen[34]. Dazu kommt die unheimliche Entwicklung, dass die Gewalt, zu der einzelne Menschen und kleine Gruppen von uns seit jeher fähig sind, durch die technologische Entwicklung potenziert werden kann bis hin zur Gefahr des nuklearen Terrorismus. Dass führende amerikanische Außenpolitiker, denen niemand pazifistische Neigungen nachsagen wird, begonnen haben, eindringlich für eine weltweite nukleare Abrüstung zu plädieren, ist ein deutlicher Hinweis auf diese Gefahr[35]. Einstein schrieb 1946 Worte, die schon oft zitiert wurden, aber kaum zu ernsthaften Konsequenzen geführt haben – auch nicht in der Debatte um nachhaltige Entwicklung: »Die entfesselte Gewalt des Atoms hat alles verändert außer unsere Denkmuster, und so treiben wir noch nie dagewesenen Katastrophen entgegen«[36].

In dieser Situation ist der Vergleich zwischen der Umweltbewegung und der Bewegung zur Abschaffung der Sklaverei aus zwei Gründen sinnvoll[37]. Einerseits ist es lehrreich und auch ermutigend, sich zu vergegenwärtigen, wie eine Bewegung, die aus einer moralischen und religiösen Sensibilität – um nicht zu sagen, aus elementarem Anstandsgefühl – ohne jede Machtbasis entstand, innerhalb von gut vier Jahrzehnten der Sklaverei im britischen Empire ein Ende setzte: 1787 gründete Thomas Clarkson in London das Komitee zur Abschaffung der Sklaverei, 1833 beschloss das britische Parlament, die Sklaverei abzuschaffen. Und auch wenn die Angst, Wettbewerbsvorteile zu verlieren, der Überwindung der Sklaverei auf ähnliche Art im Wege stand, wie das heute bei der Klimapolitik zu beobachten ist, so zeigt doch das praktische Beispiel, dass die Marktwirtschaft genügend Möglichkeiten bietet, derartige Herausforderungen zu meistern.

Andererseits ist es eine bittere Tatsache, dass die Bestrebungen zur Abschaffung der Sklaverei wesentlich zu den Schrecken des amerikanischen Bürgerkriegs beitrugen. Die Veränderung unserer Denkmuster, die Einstein anmahnte, kann sich nicht darin erschöpfen, mutige Ziele nachhaltiger Entwicklung, einschließlich weitgehender Abrüstung, mit aller Kraft anzustreben. Sie muss auch die Fähigkeit einschließen, den Übergang zur Nachhaltigkeit so zu gestalten, dass die Gewaltpotenziale unserer Zeit nicht durch eine Verkettung unglücklicher Umstände entfesselt, sondern Schritt für Schritt abgebaut werden.

Dabei gibt es durchaus ermutigende Ansatzpunkte. Die Bereitschaft, Krieg zu führen, hat in vielen Nationen deutlich abgenommen. Vielleicht werden Kriege dereinst den Menschen ähnlich unsinnig vorkommen wie uns heute die Duelle, die vor nicht allzu langer Zeit ein selbstverständliches Ritual waren[38]. Eine wesentliche Bedingung, um die Kriegsgefahr zu verringern, dürfte darin liegen, nationale Identitäten mit anderen Selbstbildern so auszubalancieren, dass simplen Freund-Feind-Schemata der Boden entzogen wird[39].

Auch in diesem Zusammenhang ist eine Stärkung beruflicher Identitäten durch entsprechende Institutionen wünschenswert, da Berufe im Unterschied zu Nationen nicht territorial, sondern funktional – nach der Rolle in der gesellschaftlichen Arbeitsteilung – strukturiert sind.

Dieser Unterschied zwischen territorialer und funktionaler Organisation ist auch wesentlich für die große Frage, wie die pluralistisch-demokratischen Tendenzen, die es in der chinesischen Gesellschaft sehr wohl gibt, auf eine friedliche Weise erstarken können, während die totalitären Tendenzen, die eben auch gegeben sind, abklingen. China hat begonnen, sich auf die Formen professioneller Spezialisierung, die eine wesentliche Grundlage der heutigen Weltwirtschaft sind, einzulassen. Dadurch entsteht eine Mittelschicht von selbstsicheren Individuen, die einen wichtigen Teil ihres Selbstverständnisses aus der Zugehörigkeit zu international wirkenden Berufen beziehen. Diese Menschen werden in der Lage sein, ihre nationale Identität zu relativieren, ohne deshalb zuzulassen, dass China auseinanderbricht.

Die Anstrengung, die Einheit und Stabilität dieses Riesenreichs zu gewährleisten, ist eine der wichtigsten Konstanten der mehrtausendjährigen Geschichte Chinas. Viel wird davon abhängen, ob der Rest der Welt, und insbesondere die USA, China glaubhaft machen können, dass sie diese Einheit und Stabilität als ein wichtiges Gut betrachten, an dem sie ebenfalls interessiert sind. Wenn es nicht gelingt, dieses Vertrauen herzustellen, ist eine gewalttätige Konfrontation zwischen China und Amerika auf Dauer kaum zu vermeiden. Und nur auf der Grundlage eines solchen Vertrauens wird es möglich sein, von außen darauf hinzuwirken, dass in China totalitäre Tendenzen mehr und mehr marginalisiert werden. Dabei wird es gut sein, sich daran zu erinnern, wie sehr der »westliche« Weg zu einer pluralistischen Kultur von Kriegen, Bürgerkriegen und Massakern verunstaltet war und zum Teil noch immer ist.

Es ist mehr als unwahrscheinlich, dass China eines Tages einfach eine Variante der Art von Verfassung einführen wird, die seit der amerikanischen Revolution die Familie der »westlichen« Demokratien (einschließlich Japans, Australiens und anderer) prägt. Aber es ist sehr wohl möglich, dass China eine neue Form von Demokratie entwickeln wird, die nicht weniger lebbar und freiheitlich sein wird als die vielfältigen demokratischen Ansätze, die in der bisherigen Menschheitsgeschichte dokumentiert worden sind.

Der Fokus auf China sollte dabei nicht darüber hinwegtäuschen, dass ähnliche Überlegungen für andere Weltregionen ebenso wesentlich sind. Die Entwicklung Russlands, der Türkei, Brasiliens, der Staatenvielfalt Zentralasiens und anderer Länder wird nicht einfach darin bestehen, eine ökologisierte Version einer der Lebensformen zu übernehmen, die oft viel zu vereinfachend als »westlich« etikettiert werden.

Nachhaltige Entwicklung kann nicht einfach darin bestehen, die Kombination von demokratischem Parteienstaat und kapitalistischer Marktwirtschaft, die den kalten Krieg gegen die sowjetische Planwirtschaft gewonnen hat, durch geeignete Gesetze umweltverträglich zu machen. Sie kann nur gelingen, wenn wir zulassen, dass im 21. Jahrhundert neue Institutionen entstehen, die wir uns gegenwärtig noch kaum vorstellen können. Das mag sehr wohl länger brauchen als die Überwindung der globalen Massenarmut, die bis 2050 realisierbar sein dürfte.

Kapitel 4

2100: Jenseits des Wachstums

Die Schönheit der Welt

In den Jahrzehnten, in denen die Menschheit massenhafte Armut hinter sich lässt – nach der gegenwärtigen Beschreibung also etwa in der Zeit bis 2050 – wird wohl unvermeidlich die Schönheit vieler Landschaften ernsthaft beschädigt werden. Es ist zum Beispiel zu befürchten, dass Korallenriffe durch die Kombination von Verschmutzung der Ozeane (insbesondere durch Düngemittel aus der Landwirtschaft auf dem Festland) mit der Erwärmung und Versauerung des Meerwassers in großem Umfang verkümmern werden. Wenn aber das Problem der Armut gelöst sein wird, wird die Menschheit in einem heute noch schwer vorstellbaren Wohlstand leben und zugleich über technologische Möglichkeiten verfügen, von denen wir uns noch kaum einen Begriff machen können. So wie ein kundiger Gärtner auf einer Industriebrache schrittweise eine beglückende Parklandschaft entstehen lassen kann, werden Meeresbiologen die Korallen darin unterstützen können, sich bis zum Jahr 2100 in neuer Pracht zu entfalten. Ähnliche Entwicklungen können – wenn wir uns auf eine erfreuliche Zukunft konzentrieren wollen – auf der ganzen Welt stattfinden, von den tropischen Regenwäldern bis zur sibirischen Tundra.

Lokale Anstrengungen werden allerdings nicht genügen. Zum Beispiel ist zu befürchten, dass wir Menschen bis 2050 die Atmosphäre schon mit so viel Treibhausgasen – CO_2 und anderen – belastet haben werden, dass die globale Mitteltemperatur selbst dann weiter ansteigen würde, wenn von da an überhaupt keine Emissionen mehr erfolgen würden, einfach weil die volle Wirkung der Treibhausgase mit einer gewissen Zeitverzögerung erfolgt. Darüber hinaus bin ich davon ausgegangen, dass im Jahr 2050 die Emissionen noch nicht auf die zwei Milliarden Tonnen reduziert sein werden, die die Ozeane pro Jahr aufnehmen können.

Der Energieverbrauch allerdings sollte sich bis dahin durchaus auf drei Kilowatt pro Kopf senken lassen. Die 27 Milliarden Kilowatt, die die neun Milliarden Menschen dann verbrauchen, werden mit den Technologien, die bis 2100 zur Verfügung stehen, problemlos aus erneuerbaren Quellen erzeugt werden können. Es ist müßig, technologische Entwicklungen ein Jahrhundert im Voraus prognostizieren zu wollen. Vielleicht wird die Photovoltaik bis dahin so selbstverständlich sein wie heute Mobiltelefone, vielleicht werden nanotechnologische Strukturen die Photosynthese der Pflanzen reproduzieren können, vielleicht werden neuartige Windkraftwerke zusammen mit Geothermie aus Tiefenbohrungen eine Schlüsselrolle spielen – entscheidend ist, dass schon mit heutigen Technologien für erneuerbare Energien die Menge von 27 Milliarden Kilowatt bereitgestellt werden kann, also erst recht 2100. Heute wären die Kosten dafür noch so hoch, dass sie wirtschaftlich kaum tragbar wären; in einem Jahrhundert wird das mit Sicherheit kein Problem mehr sein.

Schwieriger ist die Frage, wie mit den Treibhausgasen, mit denen die Atmosphäre bis zur Realisierung einer weitgehend emissionsfreien Weltwirtschaft im Übermaß belastet sein dürfte, umzugehen sei. Denn die meisten dieser Gase werden noch viele Jahrhunderte in der Atmosphäre bleiben, wenn wir Menschen sie nicht wieder zurückholen. Allerdings bindet zum Beispiel eine dünne Humusschicht von nur einem Millimeter weltweit dreimal soviel CO_2, wie die Menschheit im Jahr 2010 emittiert hat. Wenn also die Humusschicht in den fünf Jahrzehnten von 2050 bis 2100 im Schnitt um, sagen wir, drei Zentimeter erhöht werden würde, müsste sich das übermäßige CO_2 wieder aus der Atmosphäre zurückgewinnen lassen[40]. Natürlich könnte die Humusschicht dazu auch auf einem Zehntel der von Humus bedeckten Landfläche um 30 Zentimeter erhöht werden. Auch das dürfte gegen Ende des Jahrhunderts keine technisch oder wirtschaftlich übermäßig schwierige Aufgabe sein. Eine andere Möglichkeit wäre es, CO_2 durch Algen zu binden, die dann getrocknet und so verbrannt werden würden, dass einerseits nutzbare Energie gewonnen und andererseits das CO_2 abgeschieden und in geologischen Formationen (zum Beispiel unter küstennahen Meeressedimenten) gelagert werden würde. Es handelt sich hier bloß um zwei Beispiele, um deutlich zu machen, dass die Menschheit gegen Ende des Jahrhunderts über Möglichkeiten verfügen wird, um auch auf globaler Ebene Schäden zu beheben, die zu Beginn des Jahrhunderts verursacht wurden.

Sollten wir also nicht generell Anstrengungen zum Schutze der Umwelt auf später verschieben, wie das manchmal vorgeschlagen und oft in Kauf genommen wird? Aus zwei Gründen wäre das völlig unverantwortlich. Zum einen stimmt es zwar, dass die am meisten beunruhigenden Auswirkungen etwa der globalen Erwärmung erst nach 2100 zu erwarten sind, aber Extremereignisse wie die Hitzewellen, die durch die Erwärmung wahrscheinlicher werden, verursachen schon jetzt Leid, das vermieden werden kann und soll. Zum andern kann der Aufwand, der später nötig sein wird, um heute verursachte Schäden wieder zu beheben, für bessere Zwecke eingesetzt werden, wenn diese Schäden gar nicht erst auftreten.

Je entschlossener wir Menschen heute beginnen, die Umweltbelastung zu verringern, desto leichter wird es uns morgen fallen, die Umwelt auf erfreuliche Art zu verändern – indem wir wie selbstverständlich Städte, Landschaften, Umgebungen schaffen, die sich mit den Kulturlandschaften messen können, in denen manchmal unsere Vorfahren auf bewundernswerte Art ihre Spuren hinterlassen haben.

Doch es gibt auch andere Spuren der Vergangenheit, Narben, wenn man so will, und auch Wunden. Über Jahrtausende werden unsere Nachfahren radioaktive Substanzen hüten müssen, die von den gewaltigen Beständen an Atomwaffen übrig bleiben, nachdem diese dereinst abgeschafft sein werden. Dazu kommen noch die Altlasten von Kernkraftwerken. Die Lager dieser Substanzen werden wohl Mahnmale sein, die an die Zeiten erinnern, als die Menschheit eine Phase globaler Verantwortungslosigkeit durchlebte. Wenn die Entwicklung der Menschheit dereinst eine nachhaltige sein wird, wird auch eine große Trauer über die Schrecken der Vergangenheit zum Leben gehören.

Es wird viele Spuren geben, die diese Trauer wach halten. Dazu werden ausgestorbene Tiere und Lebewesen gehören, Opfer des von Menschen verursachten Artensterbens, toxische Substanzen im Boden, das Übermaß an Stickstoff in Gewässern und Sedimenten und vieles mehr. Es hat keinen Sinn, sich Illusionen hinzugeben: Wir Menschen haben begonnen, unsere eigene Umwelt in planetarischem Maßstab zu beschädigen, und das wird zur Geschichte unserer Nachfahren gehören, als Erinnerung und als oft schmerzhafte Aufgabe.

Trotzdem: Das ist nicht der Weltuntergang. Wenn wir uns nicht in einem nuklearen Krieg zugrunde richten, wird es möglich sein, am Ende des 21. Jahrhunderts die Erde dankbar zu bewohnen, sich an ihrer Schönheit zu freuen und ihr durch menschliche Kreativität immer wieder neue Überraschungen abzugewinnen. Dazu wird die immer neue Gestaltung von Kulturlandschaften gehören, von Stadtbildern, Reisewegen und Vielem mehr. Das wird nicht mehr in einer Perspektive immerwährenden Fortschritts geschehen – etwa so wie es ein Fortschritt war, den Hunger zu überwinden oder die Pest. Eher schon wird es der Erfahrung der Kunst gleichen, wo Picassos Gemälde die Vollkommenheit uralter Höhlenmalereien erneuern, ohne einen Anspruch auf Überlegenheit zu erheben.

Die Entlastung der Politik

Vor langer Zeit entstanden im Mittleren Osten, in Südostasien, in Südamerika und vielleicht auch anderswo Lebensformen, die in einen privaten und einen öffentlichen Bereich gegliedert waren. Das befähigte Menschen dazu, in ganz neuen Dimensionen gemeinsam zu handeln. Vorher waren gemeinsame Handlungen im Maßstab von Familien, Clans und Stämmen möglich, und das hieß praktisch: in Gruppen von zwei bis ein paar Tausend Menschen. Die Formen politischer Organisation aber, die im Bereich des öffentlichen Lebens entstanden, ermöglichten es, Straßen, Bewässerungsanlagen, Rechtsformen und andere Institutionen zu entwickeln, an denen Millionen von Menschen teilhatten.

Demokratische Politik allerdings wurde zunächst nur im Maßstab von Stadtstaaten wie Athen oder dem frühen Rom entwickelt. Große Territorien wurden als Imperien organisiert, in denen die Masse der Bevölkerung nichts zu sagen hatte. Erst mit der Entwicklung der repräsentativen Demokratie in England und dann in Amerika und Frankreich entstanden Staatsformen, in denen Millionen von Menschen nicht nur gemeinsam handeln, sondern auch die Richtung ihres Handelns gemeinsam erörtern und beschließen können. So unvollkommen das auch immer wieder realisiert wurde, so ist es doch zweifellos eine der kostbarsten Errungenschaften der bisherigen Menschheitsgeschichte.

Mit der Entwicklung des modernen Kapitalismus allerdings wurde der Staat in wachsendem Ausmaß als Reparaturbetrieb für Schäden, die die wirtschaftliche Entwicklung mit sich brachte, beansprucht. So förderten die Anforderungen des Arbeitsmarkts die Auflösung traditioneller Familienstrukturen auf eine Art und Weise, die einerseits individuelle Freiheiten – insbesondere für Frauen – langfristig stärkten, aber zugleich der Pflege, die Menschen am Anfang und am Ende ihres Lebens in eben diesen traditionellen Strukturen erwarten konnten, die Grundlagen entzog. Naive Romantik ist hier nicht angebracht: Das Schicksal von Leibeigenen, Knechten, Dienstpersonal und vielen Anderen in vorindustriellen Zeiten sprühte nicht vor Glück. Aber mit der Industrialisierung bedurfte es dringend eines Ersatzes für die Leistungen, die eben nicht mehr im Rahmen von Familie und Verwandtschaft erbracht werden konnten. Kindergärten, Altersheime, Rentenversicherungen waren ein wesentlicher Teil der gesellschaftlichen Antwort. Ähnliche Entwicklungen fanden im Gesundheitswesen statt.

Die enormen sozialen Spannungen, die der entstehende Kapitalismus mit sich brachte, wurden ein weiteres Feld für korrigierende staatliche Eingriffe, ebenso die Gefahren der Monopolbildung und instabiler Finanzmärkte. Insgesamt war der Staat zunehmend weniger ein Instrument, mit dem eine Nation einen gemeinsamen Willen bilden und in die Tat umsetzen konnte, sondern stattdessen eine immer größer werdende Regulierungsmaschinerie, die von den Bürgerinnen und Bürgern nur noch sehr begrenzt als Medium gemeinsamen Handelns erfahren wird.

Die lokalen und globalen Umweltprobleme, die durch die weltweite wirtschaftliche Entwicklung ausgelöst werden, drängen die Staaten der Welt zu weiteren Reparaturleistungen. Das wird wohl auch unvermeidbar sein, solange wirtschaftliches Wachstum eine äußerst hohe Priorität verdient, weil nur so die weltweite Armut überwunden werden kann. Im fernen Jahr 2100 aber, wenn diese Armut nicht mehr Teil der Gegenwart, sondern ein Gegenstand der Erinnerung sein wird, sollte es möglich sein, das öffentliche Leben nicht mehr als Reparaturbetrieb, sondern zur freien Gestaltung einer gemeinsamen Zukunft zu führen.

Das heißt auch, dass der Staat nicht in erster Linie auf der Arbeit von Beamten und Staatsangestellten beruhen wird, sondern auf der Beteiligung der Bürgerinnen und Bürger. Wir reden hier von einer Welt noch nie dagewesenen und breit gestreuten Wohlstands, in der das Berufsleben die Menschen zwar inhaltlich fordern, ihnen dabei aber große zeitliche Spielräume für andere Tätigkeiten lassen wird. Ehrenamtliche Tätigkeiten, Wechsel zwischen Jahren beruflicher Karriere und solchen öffentlichen Engagements und eine Vielfalt weiterer Formen von Bürgerbeteiligung, die weit über Wahlentscheide hinausgehen, werden den Charakter des Staates grundlegend verändern.

Dabei wird wohl auch das staatliche Gewaltmonopol als Übergang zu noch zivileren, nämlich gewaltlosen Antworten auf echte oder eingebildete Gefahren der öffentlichen Ordnung genutzt werden. Nicht eine planetarische Autorität mit einem kaum mehr zu kontrollierenden weltweiten Gewaltmonopol ist dabei das Ziel, und auch nicht ein Patt gegenseitiger Abschreckung mit Waffen, die das Ende der Menschheit bedeuten können, sondern eine Welt, die die Möglichkeit von Kriegen mit ähnlichem Befremden betrachtet, wie wir die Möglichkeit des Kannibalismus sehen. »Blutschande weicht: Dass Mensch den Menschen töte« – wie Karl Kraus zu Kants Schrift »Zum ewigen Frieden«[41] schrieb, als der erste Weltkrieg tobte.

Ökologische Marktwirtschaft

2100: Neun Milliarden Menschen leben auf dem Planeten; die Zahl der Beschäftigten hat sich im Lauf des Jahrhunderts verdreifacht, die Arbeitsproduktivität hat sich in derselben Zeit verfünffacht. Ein Arbeitstag dauert typischerweise fünf Stunden, Urlaub ist aus der Mode gekommen, stattdessen unterbrechen die Menschen ihre Berufstätigkeit ab und zu für ein paar Monate oder auch ein paar Jahre. Massenhafter Hunger gehört ebenso der Vergangenheit an wie Unterernährung. Von irgendetwas eine größere Menge zu haben – mehr Brot, mehr Fleisch, mehr Kaviar oder auch mehr Freunde, Liebhaber, Konkurrenten – ist uninteressant geworden. Was zählt, ist Qualität: Erfahrungen von Glück und Dankbarkeit zu erneuern und weiterzugeben – in der Qualität eines Liedes, eines Flugplatzes, eines Apfels. Und dabei auch Erfahrungen von Schmerz und Trauer anzunehmen und zu verwandeln, wie manche Muscheln aus einem störenden Sandkorn eine Perle erzeugen.

Die Menschen gehören Berufsgruppen an, so wie sie Verwandte haben und zu Nationen gehören. Es braucht etwa ein Jahrzehnt der Übung, um Meisterschaft in einem Beruf zu erlangen. Die entsprechende Ausbildung wird von Berufsverbänden angeboten. Sie baut auf den allgemeinen Fertigkeiten auf, die der jeweilige Staat in den Grundschulen vermittelt. Im Laufe ihres Lebens bilden sich die meisten Menschen weiter, dabei machen sie sich vertraut damit, wie sich das Know-how ihres Berufsfelds seit ihrer Erstausbildung verändert hat, oder sie wechseln in ein anderes Feld. Die Berufsverbände finanzieren sich zum Teil damit, dass sie Dienstleistungen an ihre Mitglieder verkaufen, aber der größte Teil ihrer Finanzmittel beruht darauf, dass sie die Altersvorsorge eben dieser Mitglieder organisieren.

Das Know-how der Informatiker wird von Berufsverbänden von Computerfachleuten gepflegt, weiterentwickelt und vermittelt; die Therapeuten – dazu gehören Krankenpfleger ebenso wie Neuropsychologinnen – haben dazu ihre eigenen Verbände. Niemand erwartet, dass es eine umfassende »wissenschaftliche Theorie« gäbe, die diese unterschiedlichen Arten von Know-how auf einen einheitlichen Satz von

Prinzipien, Methoden oder dergleichen zurückführen würde. Die Jugendlichen lernen, dass es vielerlei Wissen gibt, und dass die Weisheit, es gut einzusetzen, nur durch lange Übung erlangt werden kann. Bei politischen Entscheidungen werden die Stimmen verschiedener Berufsgruppen gehört, wobei es als ganz normal gilt, dass diese manchmal recht unterschiedliche Auffassungen vertreten.

Der Unterschied zwischen hohen und niedrigen Einkommen ist nicht sehr groß, vielleicht ein Faktor zehn, sodass er im sozialen Leben auch nicht sehr ins Gewicht fällt. Das resultiert einerseits daraus, dass so viele Leute eine exzellente Ausbildung haben, und dass so ungewöhnlich hohe Gehälter schnell durch eine breite Konkurrenz wieder auf ein bescheideneres Maß reduziert werden. Andererseits beruht es darauf, dass die meisten Produktionsmittel Eigentum von Berufsverbänden sind. Diese haben aus ihren Pensionsfonds die Ressourcen und durch ihre Mitglieder das Know-how, um sowohl einzelne Betriebe als auch große Infrastrukturanlagen kompetent erhalten, weiterentwickeln und bei Bedarf abbauen zu können.

Die Wirtschaft ist in dauerndem Wandel begriffen, doch sie wächst nicht mehr. Der Preis alter Produkte fällt, wenn sie den Geist der Zeit nicht mehr treffen und auch nicht als Botschafter aus einer anderen Zeit gefragt sind, ähnlich wie schon früher von den Kunstwerken einer Generation nur wenige an die nächsten Generationen überliefert wurden. Dafür entstehen neue Produkte – womit natürlich auch die verschiedensten Dienstleistungen gemeint sind –, ohne dass der Geldwert der Produktion insgesamt steigen würde. Angesichts dieser Nachfragestruktur haben weder die Berufsverbände noch private oder staatliche Investoren einen Grund, expansiv zu investieren.

Es ist gut möglich, dass unter solchen Umständen ein positiver Zinssatz zu Schwierigkeiten führt, da es vergleichsweise rentabel ist, ein Vermögen in Geld anzulegen, anstatt es produktiv zu investieren, während gerade die geringen Investitionen dazu führen, dass nur wenig Kredite zinstragend angelegt werden können. Ob das so ist, ist eine Streitfrage, die seit den Tagen von Keynes und Hayek zu endlosen Debatten führt. Wenn dereinst das Wirtschaftswachstum obsolet sein wird, mag die Praxis zeigen, wie es darum steht. Falls ein positiver Zinssatz ohne Wirtschaftswachstum zu Schwierigkeiten führt, wird es 2100 nicht schwer sein, einen Zinssatz von Null zu erreichen. Wenn zum Beispiel Geld aus Computerbits bestehen sollte, ließe sich jede Geldeinheit mit einem Datum versehen, sodass die Lebensdauer dieser Einheit durch einen Zufallsalgorithmus begrenzt werden kann. Dadurch haben die verschiedenen Akteure einen Anreiz, Geld möglichst schnell wieder in Umlauf zu bringen, sodass das Geldangebot steigt. Der Algorithmus kann dann so gewählt werden, dass sich der Zinssatz bei Null stabilisiert. Kredite könnten dann durchaus nach dem Muster des heutigen »islamic banking« so vergeben werden, dass sich Kreditgeber und -nehmer die Risiken teilen, ohne dass ein Zins bezahlt wird. Kredite wären dann keine Möglichkeit, Geld durch Zins und Zinseszins zu vermehren, sondern sich vor dem Wertverfall, den ein Geldvermögen erfahren würde, zu schützen.

Eine ähnliche Überlegung ist für die Rendite von Investitionen relevant. Bei einem Zins von Null ist es durchaus denkbar, dass auch die Investitionsrendite um Null schwankt. Das mag wichtig werden, um sicherzustellen, dass die Berufsverbände als Eigentümer kein Interesse daran haben, die Arbeitsplätze ihrer Mitglieder wegzurationalisieren. Damit entfällt dann natürlich das Motiv, zu investieren, um den eigenen Reichtum zu mehren. Das hat auch seine Richtigkeit, da wir ja von einer Wirtschaft jenseits des Wachstums sprechen. Die Berufsverbände werden trotzdem weiter investieren, aber nicht so, dass die Wirtschaft immer weiter wächst, sondern so, dass sie weiter funktioniert.

Was das Geld selbst anbelangt, so ist gut vorstellbar, dass Berufsverbände elektronische oder wie auch immer technologisch implementierte Währungen anbieten. Diese stehen dann bezüglich der verschiedenen Funktionen des Geldes in Konkurrenz zueinander, wobei die Berufsverbände mit ihren enormen Vermögen für Schwierigkeiten mit ihrer jeweiligen Währung haften[42].

Die Staaten werden, wie in Kapitel 2 angedeutet, von manchen Aufgaben entlastet sein; zugleich werden sie in großem Umfang auf Gemeinschaftsdiensten ihrer Bürgerinnen und Bürger beruhen; die Altersvorsorge wird zu großen Teilen Aufgabe von Berufsverbänden sein, die Staatsquote am BIP dadurch deutlich niedriger als heute. Zugleich gibt es gute Gründe, Bodeneigentum in öffentliches Eigentum überzuführen, vorzugsweise auf Gemeindeebene. Die Öffentlichkeit kann dann Nutzungsrechte für unterschiedliche Gebiete und Nutzungen definieren und diese verpachten. Auf diesem Weg kann die Grundrente, die einerseits nötig ist, damit in einer Marktwirtschaft alternative Bodennutzungen gegeneinander abgewogen werden können, der aber andererseits keine Leistung entspricht, für die Finanzierung von Staatsaufgaben genutzt werden. Sofern dann überhaupt noch Steuern im heutigen Sinne nötig sind, werden diese auf jeden Fall so gering sein, dass sie weder zu großen Marktverzerrungen noch zu großem Streit führen sollten.

Damit schließt sich ein möglicher Bogen dieses Jahrhunderts. An seinem Anfang wurde zusehends deutlicher, dass die Menschheit begonnen hat, ungeheure globale Risiken einzugehen. Dazu gehörte das Risiko nuklearer Kriege ebenso wie dasjenige globaler Finanzkrisen, die Gefahr von Pandemien ebenso wie die Risiken des Klimawandels. Es gibt kein Allheilmittel, um diese Situation schlagartig zu bewältigen[43]. Deshalb habe ich hier eine Geschichte erzählt, in der im Laufe des Jahrhunderts der Übergang zu einer nachhaltigen Entwicklung der Menschheit gelingt. Die Überwindung der Armut erfordert Wirtschaftswachstum. Um gleichzeitig die globalen Risiken wenigstens einzudämmen ist mehr, und zwar grünes Wachstum, nötig und möglich. Die Verringerung der Kriegsgefahr und der Abbau von Gewaltpotenzialen wird klugen geopolitischen Pragmatismus verlangen und kann durch die Stärkung beruflicher Identitäten, die die nationalen ergänzen, unterstützt werden. Berufsverbände können globale Koordinationsleistungen erbringen, zu denen Nationalstaaten nicht in der Lage sein werden. Vor diesem Hintergrund wird eine Zukunft jenseits des Wirtschaftswachstums denkbar.

Dass Ressourcenprobleme entschärft werden können, wenn das Wirtschaftswachstum nach Überwindung der Massenarmut ein Ende findet, ist plausibel. Wie aber lässt sich vermeiden, dass wirtschaftliche Akteure langfristige Risiken eingehen, weil sie darauf spekulieren, dass sie am Schluss nicht für den Schaden haften werden? Für ein solches Verhalten gibt es mehr als genug Gründe: Der Schaden mag zu weit in der Zukunft liegen, als dass dieser konkrete Akteur noch belangt werden könnte; der Schaden mag so groß sein, dass sowieso eine größere Gemeinschaft ihn wird schultern müssen; das Risiko wurde von so vielen gefördert, dass es schwer ist, den Einzelnen haftbar zu machen, und so weiter.

Die Finanzkrise von 2007/08 ist ein Lehrstück in dieser Sache. Die Gewinne, die im Vorfeld der Krise mit allen möglichen Spekulationen erzielt wurden, blieben bei den jeweiligen Akteuren des Finanzsystems; die enormen Verluste, die durch die Krise weltweit entstanden, wurden von der Bevölkerung im Allgemeinen und den Steuerzahlern im Besonderen getragen. Die Struktur des Klimaproblems ist in dieser Hinsicht erschreckend ähnlich. Das Leid, das durch den Klimawandel verursacht werden wird, wird im Wesentlichen Menschen treffen, die diesen Wandel gerade nicht bewirkt haben.

Auch hier gibt es kein Allheilmittel. So viel ist jedoch klar: Je eindeutiger und je längerfristiger die Eigentümer von Unternehmen für die Wirkungen unternehmerischer Entscheide haften, desto eher werden sie bei diesen Entscheiden auf die Vermeidung langfristiger Risiken bestehen. Wenn nun ein Großteil der Unternehmen dereinst internationalen Berufsverbänden gehören wird, so ist eine Haftung eben dieser Verbände ein weltweit und langfristig wirkender Riegel gegen das verantwortungslose Spiel mit globalen Risiken. Zugleich wird das beste Know-how zur Vermeidung der jeweiligen Risiken eben gerade bei den relevanten Berufsverbänden liegen.

Ökologisch wird die hier skizzierte Marktwirtschaft also aus fünf Gründen sein: Erstens wird sie nicht mehr wachsen. Das ist in den kommenden Jahrzehnten nicht realisierbar, aber in den kommenden Jahrhunderten – und das ist der Zeithorizont, um den es bei nachhaltiger Entwicklung gehen muss – sehr wohl. Zweitens wird sie Möglichkeiten der globalen Koordination haben, die über die Möglichkeit der Verhandlung zwischen Staaten weit hinausgehen. Drittens wird sie dank der veränderten Eigentumsstruktur und entsprechender Haftungsregeln wirksame Anreize zur Vermeidung globaler und langfristiger Risiken setzen. Viertens wird sie das Know-how und die soziale Solidarität, die zur Beurteilung und zur Vermeidung solcher Risiken erforderlich sind, durch die Rolle von Berufsverbänden wirksam mobilisieren können. Und schließlich wird sie die Natur nicht in erster Linie als einen Hort unvermeidbarer Beschränkungen und zu vermeidender Risiken behandeln, sondern als Anregung und Herausforderung zu schöpferischem und eben dadurch beglückendem Handeln.

Ausblick

Fortschritt zur Gegenwart

Nach all den Überlegungen zu näheren und ferneren Zukünften ist es Zeit, in die Gegenwart zurückzukehren. Das kann mehr bedeuten als ein bloßes Verschieben der Aufmerksamkeit. Denn es gibt eine ebenso undeutliche wie eindrückliche Idee, die sich bei ganz unterschiedlichen Denkern und in sehr verschiedenen Kulturen findet: »Wenn man unter Ewigkeit nicht unendliche Zeitdauer, sondern Unzeitlichkeit versteht, dann lebt der ewig, der in der Gegenwart lebt«[44].

Die Idee kann nicht darin bestehen, Vergangenheit und Zukunft auszublenden und mit dem vorlieb zu nehmen, was dann noch übrig bliebe: nichts. Wohl aber können Erinnerungen und Erwartungen verwoben sein in der Erfahrung einer umgreifenden Gegenwart. Der Bereich des Möglichen liegt dann nicht sozusagen außerhalb der Realität, so als wäre die Wirklichkeit eine Linie, die durch den Raum des Möglichen gezogen würde. Die unterschiedlichen Zukünfte, die eine Situation eröffnet, sind nicht einfach eine Folge der Tatsachen, die mit ihr gegeben sind. Möglichkeiten und Tatsachen machen zusammen die Wirklichkeit aus, auf die wir mit unseren Handlungen antworten.

In der Gegenwart leben heißt deshalb immer auch, Verantwortung zu übernehmen – Verantwortung für die Möglichkeiten, auf die wir uns einlassen, und für die, die wir eben dadurch ausschlagen. Die Geschichte des 21. Jahrhunderts, die ich hier skizziert habe, ist ein Versuch die Möglichkeit einer nachhaltigen Entwicklung in groben Umrissen wahrzunehmen. Wenn wir sie besser erkennen wollen, müssen wir uns auf den

Weg machen, sie zu verwirklichen. Das wird eine Entdeckungsreise, die mehr als eine Generation beschäftigen dürfte, und auf der mehr Überraschungen auf uns warten, als wir uns gegenwärtig vorstellen können. Angst ist dabei kein guter Begleiter. Neugierde und Achtsamkeit sind bessere Gefährten.

In diesem Geist habe ich versucht, Zukunftserwartungen zu formulieren, die die Gefahren, in die wir Menschen uns hineinmanövriert haben, nicht verdrängen, die aber auch nicht auf diese Gefahren starren. Sinnvolle Erwartungen angesichts globaler Risiken sollen uns befähigen, bei dem, was wir heute tun, die Möglichkeit einer erfreulichen Zukunft im Auge zu behalten.

»Wohl gesprochen« – um ein altes Schlusswort als Nachhaltigkeits-Motto neu zu fassen: »und jetzt wollen wir unseren Garten bestellen.«[45]

Anmerkungen

Kapitel 1 – Die Ausgangslage: Wellen der Globalisierung

1 Wer ist hier »wir«? Die, die nach der Zukunft des Wirtschaftswachstums fragen können – also auch Sie, geneigte Leserinnen und Leser.

2 Gerade im Hinblick auf Fragen der Nachhaltigkeit immer wieder lesenswert: B. Tuchman 2001: Die Torheit der Regierenden. Frankfurt.

3 In der ersten Carl-von-Carlowitz-Vorlesung hat W. Haber (2010: Die unbequemen Wahrheiten der Ökologie. München.) aus humanökologischer Perspektive einen nüchternen Blick auf das 21. Jahrhundert geworfen. Daran knüpfe ich mit der zweiten Vorlesung dieser Reihe bewusst an.

4 Zum Zusammenhang zwischen den neuen globalen Problemen der Nachhaltigkeit und dem alten Thema imperialer Rivalität vgl.: Ian Morris 2010: Why the West Rules – for Now. New York.

5 Die verschiedenen Währungen sind dabei nach Kaufkraftparitäten umgerechnet (vgl. Kapitel 2). Noch höher als in Amerika ist das Pro-Kopf-Einkommen nur in einigen wenigen Ländern wie dem durch Erdöl kurzfristig gesegneten Norwegen oder dem Ministaat Singapur.

6 Surjit Bhalla 2002: Imagine There's No Country: Poverty, Inequality, and Growth in the Era of Globalization. Washington DC, Institute for International Economics, S. 16.

7 Das Pro-Kopf-Einkommen ist gleich dem BIP dividiert durch die Bevölkerungszahl. Die Wachstumsrate des Pro-Kopf-Einkommens ist gleich der Wachstumsrate des BIP minus der Wachstumsrate der Bevölkerung.

8 Dass in ärmeren Ländern oft auch die Bevölkerung schneller wächst, kommt noch dazu, doch das betrifft das Wachstum des BIP, nicht des Pro-Kopf-Einkommens.

[9] Vgl. die immer noch lesenswerten Überlegungen von J. B. De Long 1988: Productivity Growth, Convergence, and Welfare: Comment. American Economic Review, 78, S. 1138–1154.

[10] Seit 1950 hat die Bruttoinvestitionsquote in den USA leicht zugenommen (vgl. P. Evans 2000: US Stylized Facts and their Implications for Growth Theory, www.econ.ohio-state.edu/pdf/evans/us.pdf)
Die Bruttoinvestitionen entsprechen der Summe aller Investitionen in Gebäude, Maschinen usw. Manche dieser Investitionen dienen dazu, nicht mehr brauchbare Anlagen durch gleichwertige zu ersetzen, ihr Wert entspricht den Abschreibungen. Der Rest der Investitionen sind die Nettoinvestitionen. Diese betragen typischerweise ein Viertel bis ein Drittel der Bruttoinvestitionen. Vermögensanlagen in Aktien, staatliche Schuldscheine sowie in Grundbesitz zählen nicht als Investitionen im hier betrachteten Sinne.

[11] Für eine detaillierte empirische Untersuchung am Beispiel Deutschlands vgl. W. Smolny 2000: Sources of Productivity Growth: an Empirical Analysis with German Sectoral Data. Applied Economics, 32, S. 305–314. Grundlegende Zusammenhänge hat M. Scott (A New Theory of Endogenous Economic Growth) herausgearbeitet.

[12] A. B. Atkinson 1998: Three Lectures on Poverty in Europe. Oxford, Blackwell. In den meisten Ländern der Welt ist jemand, der 5.000 Dollar im Jahr verdient, wohlhabend, in den USA kann dieses Einkommen schmerzhafte Armut bedeuten.

[13] M. M. Grabka, J. R. Frick 2010: Weiterhin hohes Armutsrisiko in Deutschland: Kinder und junge Erwachsene sind besonders betroffen. DIW-Wochenberichte, 77(7), S. 2–11.

[14] Zum Beispiel J. Frieden 2006: Global Capitalism – It's Fall and Rise in the Twentieth Century. New York, W.W. Norton.

[15] www.digitalhistory.uh.edu/database/article_display.cfm?HHID=439.

[16] Vgl. etwa die historische Analyse von K. Schott 1982: The rise of Keynesian economics: Britain 1940–64. Economy and Society, 11, S. 292–316.

[17] Neben dem oben erwähnten Buch von J. Frieden sind in diesem Zusammenhang insbesondere die Überlegungen von H. James (2002: The End of Globalization: Lessons from the Great Depression. Cambridge, MA, Harvard University Press) und K. O'Rourke (2009: Politics and Trade: Lessons from Past Globalisations. Bruegel Essay and Lecture Series. Brussels, Bruegel) bedenkenswert.

Kapitel 2 – 2020: Green Growth im globalen Wettbewerb

18 Zum Thema Energie werde ich eine ganze Reihe Zahlen anführen, die für dieses Thema relevant sind. Leser, die mit Zahlen nicht so viel anfangen können, mögen über die entsprechenden Abschnitte hinweglesen.

19 Es gibt ganz verschiedene Maßeinheiten für Energie, die natürlich alle ineinander umgerechnet werden können. In der Physik rechnet man oft mit Joule; eine Kilokalorie entspricht rund 4.000 Joule. Ein Maß für Energieverbrauch gibt an, wie viel Energie pro Zeiteinheit umgewandelt wird; ein Watt entspricht einem Verbrauch von einem Joule pro Sekunde. Eine Kilowattstunde ist die Menge Energie, die bei einem Verbrauch von 1.000 Watt in einer Stunde umgesetzt wird, also 3,6 Millionen Joule.

20 Der Energieumsatz des menschlichen Organismus beträgt etwas weniger als der einer Hundert-Watt-Glühbirne.

21 Nicht alle CO_2-Emissionen entstehen durch die Verbrennung fossiler Brennstoffe; nicht alle Treibhausgasemissionen bestehen aus CO_2. Der langfristige Trend der Treibhausgasemissionen wird aber im Wesentlichen ähnlich wie der der Abgase, die in mit fossilen Brennstoffen betriebenen Kraftwerken, Heizungen und Motoren entstehen, verlaufen.

22 Zerstörerischer, nicht häufiger: Soweit sich das abschätzen lässt, sind Kriege heute eher weniger häufig als in manchen Epochen der Menschheitsgeschichte. Doch die Zerstörungskraft militärischer Waffen ist durch deren wissenschaftliche Weiterentwicklung weit über jedes früher bekannte Maß gesteigert worden.

23 Das sind die Zahlen, die sich ergeben, wenn die verschiedenen Währungen so in Euro umgerechnet werden, dass man etwa dieselben Güter in Euro wie in der Ausgangswährung kaufen kann. Ein Dollar entspricht dann rund 90 Eurocents. Die Wechselkurse weichen davon oft deutlich ab, zugleich schwanken sie stark im Zeitverlauf. Werden die Währungen zu den jetzigen (Anfang 2011) Wechselkursen umgerechnet, so entspricht ein Dollar rund 75 Eurocents. Werden alle Währungen zu aktuellen Wechselkursen umgerechnet, so beträgt das globale BIP noch 45 Billionen Euro. Während der Unterschied bei den absoluten Zahlen also sehr groß ist, ändert sich bei den Wachstumsraten nicht viel.

24 Vgl. etwa: A. P. Kirman 1992: Whom or what does the representative individual represent? Journal of Economic Perspectives, 6, S. 117–136; D. Saari 1995: Mathematical Complexity of Simple Economics. Notices of the AMS, 42, S. 222–230; sowie: J. Benhabib, R. E. A. Farmer 1999: Indeterminacy and Sunspots in Macroeconomics. In: J. B. Taylor, M. Woodford (Hrsg.): Handbook of Macroeconomics, vol. 1. Amsterdam, Elsevier.

[25] Zum Beispiel in: A. Conte, A. Labat, J. Varga, Z. Zarnic 2010: What is the growth potential of green innovation? An assessment of EU climate policy options. Economic Papers 413, Directorate-General for Economic and Financial Affairs, Brussels, European Commission.

[26] J.-C. Trichet 2010: Reflections on the nature of monetary policy non-standard measures and finance theory. www.bis.org/review/r101117a.pdf (zuletzt eingesehen: November 2010).

[27] C. Jaeger, L. Paroussos, D. Mangalagiu, R. Kupers, A. Mandel, D. Tábara 2011: A New Growth Path for Europe. Generating Prosperity and Jobs in the Low-Carbon Economy. Potsdam, European Climate Forum.

[28] Zum Beispiel: ESCAP – Economic and Social Commission for Asia and the Pacific 2006: Green Growth at a Glance. The Way Forward for Asia and the Pacific. New York, U.N.

[29] Grundlegende Überlegungen dazu finden sich bei: E. Ostrom 1990: Governing the Commons: The Evolution of Institutions for Collective Action. Cambridge, Cambridge University Press; B. Walker et al. 2009: Looming Global-Scale Failures and Missing Institutions. Science, 325, S. 1345 f.; U. Dahlsten 2011: Market economy, Democracy, and Human Nature. http://ec.europa.eu/information\society/eeurope/i2010/docs/ studies/ market_economy_democracy_human_nature.pdf (zuletzt eingesehen im Februar 2011).

[30] E. Durkheim 1902 / 1997: Preface to the Second Edition: Some Notes on Occupational Groups. The Division of Labor in Society, 2d edition. New York, Free Press. Für eine aktuelle Diskussion im Hinblick auf Probleme der Globalisierung vgl. P. M. Hirsch, P. C. Fiss, A. Hoel-Green 2008: A Durkheimian Approach to Globalization. In: P. S. Adler (Hrsg.): Oxford Handbook of Sociology and Organization Studies: Classical Foundations. Oxford, Oxford University Press.

Kapitel 3 – 2050: Das chinesische Jahrhundert?

[31] Eine Billiarde entspricht 1×10^{15}, also 1.000 Billionen.

[32] W. Lutz, W. Sanderon, S. Scherbov 2001: The end of world population growth. Nature, 412, S. 543–546.

[33] J. J. Mearsheimer 2010: The Gathering Storm: China's Challenge to US Power in Asia. The Chinese Journal of International Politics, 3, S. 381–396.

[34] N. Ferguson 2006: The Next War of the World. Foreign Affairs, 85, S. 61–74.

[35] G. P. Shultz, W. J. Perry, H. A. Kissinger, S. Nunn 2008: Toward a Nuclear-Free World. Wall Street Journal, 15. Januar 2008.

[36] Emergency Committee of Atomic Scientists, Chair: Albert Einstein 1946: Plea for $ 200,000 to Promote New Type of Essential Thinking. Telegram to donors. Quoted in The New York Times, 25. Mai 1946, ›Atomic Education Urged by Einstein‹.

[37] C. Azar 2007: Bury the chains and the carbon dioxide. Climatic Change, 85, S. 473–475.

[38] Ebenso ermutigende wie bedenkenswerte Argumente dazu finden sich bei J. Mueller 2004: The Remnants of War. New York, Cornell University Press.

[39] A. Sen 2006: Identity and Violence: The Illusion of Destiny. London, Allen Lane.

Kapitel 4 – 2100: Jenseits des Wachstums

[40] F. Dyson, 2007: Heretical Thoughts about Science and Society. www.edge.org/3rd_culture/dysonf07/dysonf07_index.html (zuletzt eingesehen im März 2011). Der Text dieses berühmten Physikers enthält auch allerhand Unsinn, die Information zum Kohlenstoffgehalt von Humus gehört nicht dazu.

[41] K. Kraus 1918: Zum ewigen Frieden. Die Fackel, 474–483, S. 160 (http://corpus1.aac.ac.at/fackel).

[42] Solche Möglichkeiten in Umrissen skizziert zu haben ist das Verdienst von F. A. von Hayek 2008: A Free-Market Monetary System. Auburn AL, Ludwig von Mises Institute.

[43] E. Ostrom, M. A. Janssen, J. M. Anderies 2007: Going Beyond Panaceas. PNAS, 104, S. 15176–78.

Ausblick – Fortschritt zur Gegenwart

[44] L. Wittgenstein 1922 / 2003: Tractatus Logico-Philosophicus. Frankfurt am Main, Suhrkamp, Abschnitt 6.4311.

[45] Frei nach Voltaire 1759 / 1989: Candide oder Der Optimismus. München, Beck.

Bildquellen

Abb. 1.1, Seite 16, R. J. Gordon 2004: Two Centuries of Economic Growth: Europe Chasing the American Frontier. C.E.P.R. Discussion Papers No 4415, S. 54.

Abb. 1.2, Seite 18, Eigene Darstellung nach: World Bank 2009: World Development Indicators, Key Statistics, Quick Reference Tables. http://econ.worldbank.org.

Abb. 1.3, Seite 20, X. Sala-i-Martin 2006: The World Distribution of Income: Falling Poverty and … Convergence, Period. Quarterly Journal of Economics, 121, S. 351–397; (in Farbe: www.columbia.edu/~xs23)

Abb. 1.4, Seite 21, E. Saez 2010: Striking it Richer: The Evolution of Top Incomes in the United States (Updated with 2008 estimates). www.econ.berkeley.edu/~saez.

Abb. 1.5, Seite 23, P. Collier, D. Dollar 2001: Globalization, Growth, and Poverty. Building an Inclusive World Economy. Washington, DC, World Bank.

Abb. 2.1, Seite 38, eigener Entwurf Autor

Abb. 2.2, Seite 39, eigener Entwurf Autor

Abb. 3.1, Seite 45, eigener Entwurf Autor

Kapiteleinstieg, Seite 13, © Sascha Tiebel, fotolia.com

Kapiteleinstieg, Seite 27, © Joerg Vollmer, fotolia.com

Kapiteleinstieg, Seite 43, © wuttichok, fotolia.com

Kapiteleinstieg, Seite 57, © Andrzej, fotolia.com

Über den Autor und den Herausgeber

Carlo Jaeger arbeitet als Ökonom am Potsdam Institut für Klimafolgenforschung. Mit seiner Forschungsgruppe entwickelt er Computermodelle, die darstellen, wie die Wirtschaft von einem möglichen Gleichgewicht in ein anderes wechseln kann. Er ist Professor an der Universität Potsdam und an der Beijing Normal University sowie Vorsitzender des European Climate Forum.

Der **Rat für Nachhaltige Entwicklung** wird von der Bundesregierung berufen. Ihm gehören bis zu 15 Personen des öffentlichen Lebens an. Die Aufgaben des Rates sind die Entwicklung von Beiträgen für die Umsetzung der nationalen Nachhaltigkeitsstrategie, die Benennung von konkreten Handlungsfeldern und Projekten sowie Nachhaltigkeit zu einem wichtigen öffentlichen Anliegen zu machen. Weiterführende Informationen finden Sie unter: www.nachhaltigkeitsrat.de